APPLICATION

DE LA

GÉOMÉTRIE

AU

DESSIN LINÉAIRE ET A L'ARPENTAGE,

AVEC UN PRÉCIS DE PERSPECTIVE,
UN TRAITÉ DE LEVÉ ET DE LAVIS DES PLANS,
ET AVEC DES NOTIONS NOUVELLES ET PRATIQUES SUR LE BORNAGE
ET LE PARTAGE DES TERRES,

TERMINÉE

PAR DE NOMBREUX EXERCICES DE CALCUL SUR LA CUBATURE DES SOLIDES, ET EN PARTICULIER SUR LE SOLIVAGE ET SUR LE JAUGEAGE DES TONNEAUX ;

OUVRAGE SPÉCIALEMENT DESTINÉ

aux Écoles primaires, Classes d'Adultes, Cours industriels, Colléges, et aux Ouvriers, Propriétaires, Agriculteurs, etc.

PAR S. BADAROUX,

Directeur de l'École primaire supérieure annexée au Collége d'Alais (Gard)

Deuxième Partie.

ATLAS.

A ALAIS, GARD, chez l'AUTEUR.
A NIMES, chez GIRAUD et chez M. TEULON, secrétaire de M. l'Ingénieur des ponts-et-chaussées.
A PARIS, chez DELALAIN.
Et chez tous les LIBRAIRES DE L'UNIVERSITÉ.

1847.

Alais, imprimerie de J. Martin.

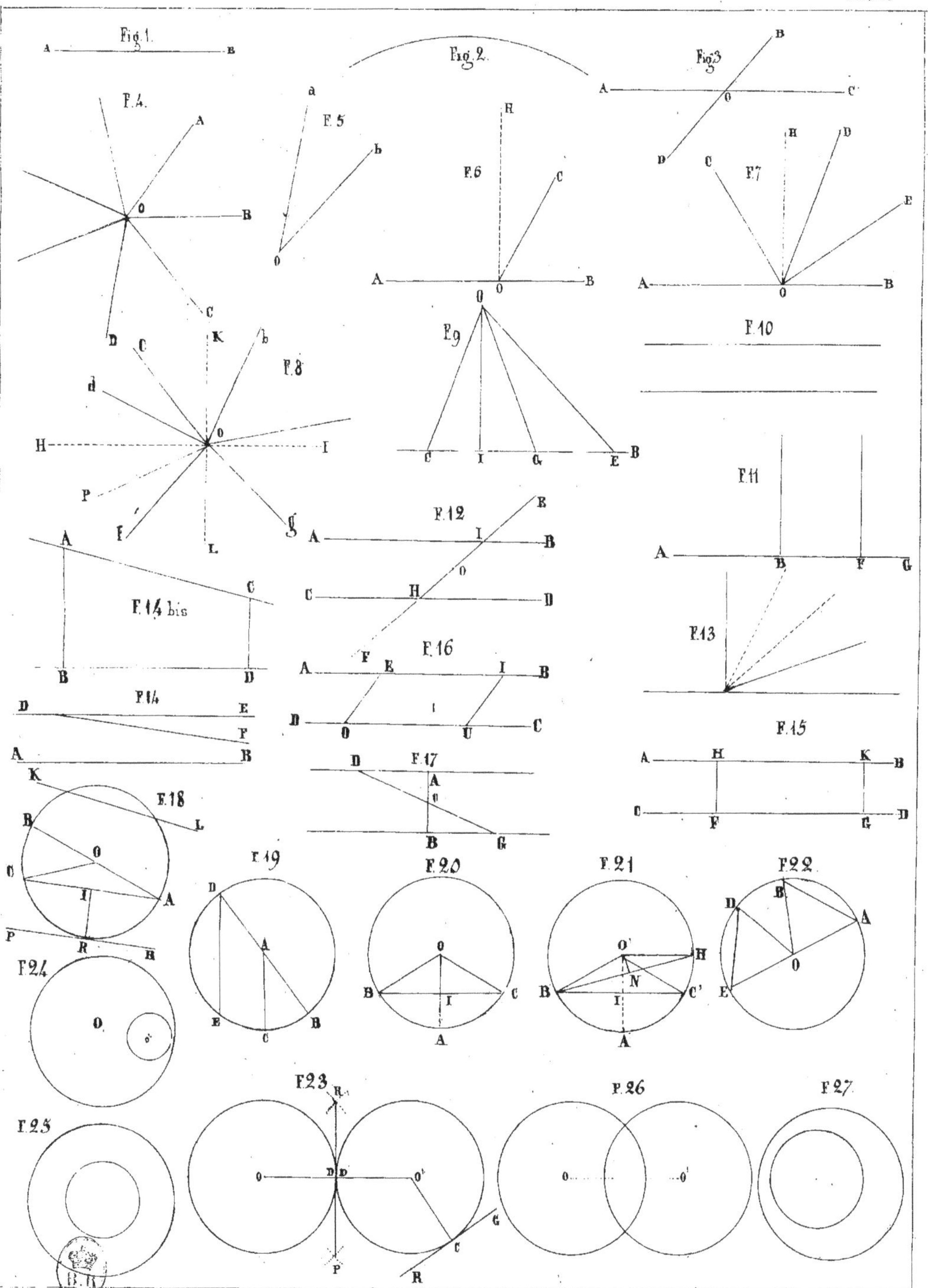
Fig. 1.
Fig. 2.
Fig. 3
F. 4.
F. 5
F. 6
F. 7
F. 8
F. 9
F. 10
F. 11
F. 12
F. 13
F. 14 bis
F. 14
F. 15
F. 16
F. 17
F. 18
F. 19
F. 20
F. 21
F. 22
F. 23
F. 24
F. 25
F. 26
F. 27

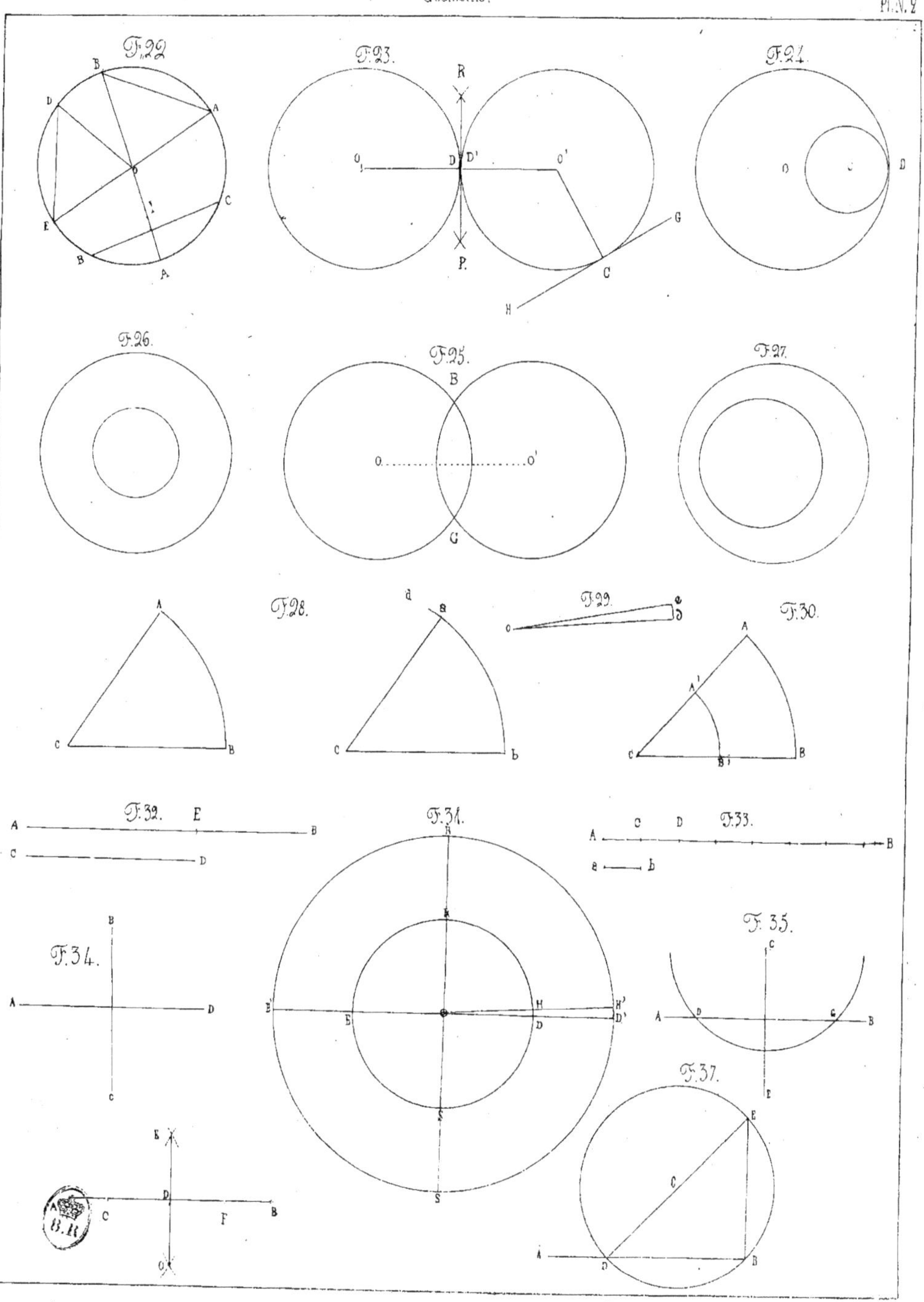
F. 22
F. 23.
F. 24.
F. 26.
F. 25.
F. 27.
F. 28.
F. 29.
F. 30.
F. 32.
F. 31.
F. 33.
F. 34.
F. 35.
F. 37.

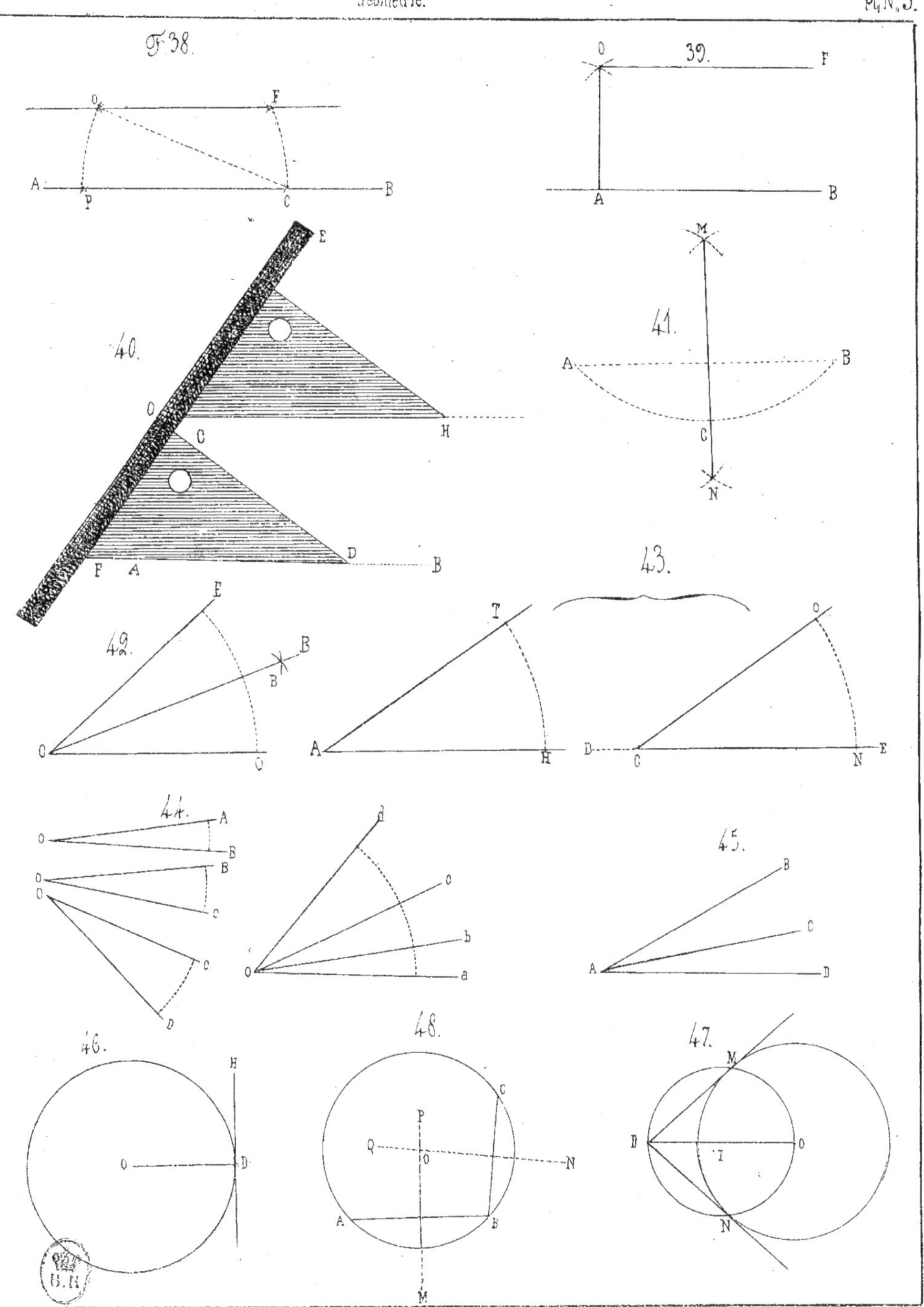
F. 38.
39.
40.
41.
42.
43.
44.
45.
46.
47.
48.

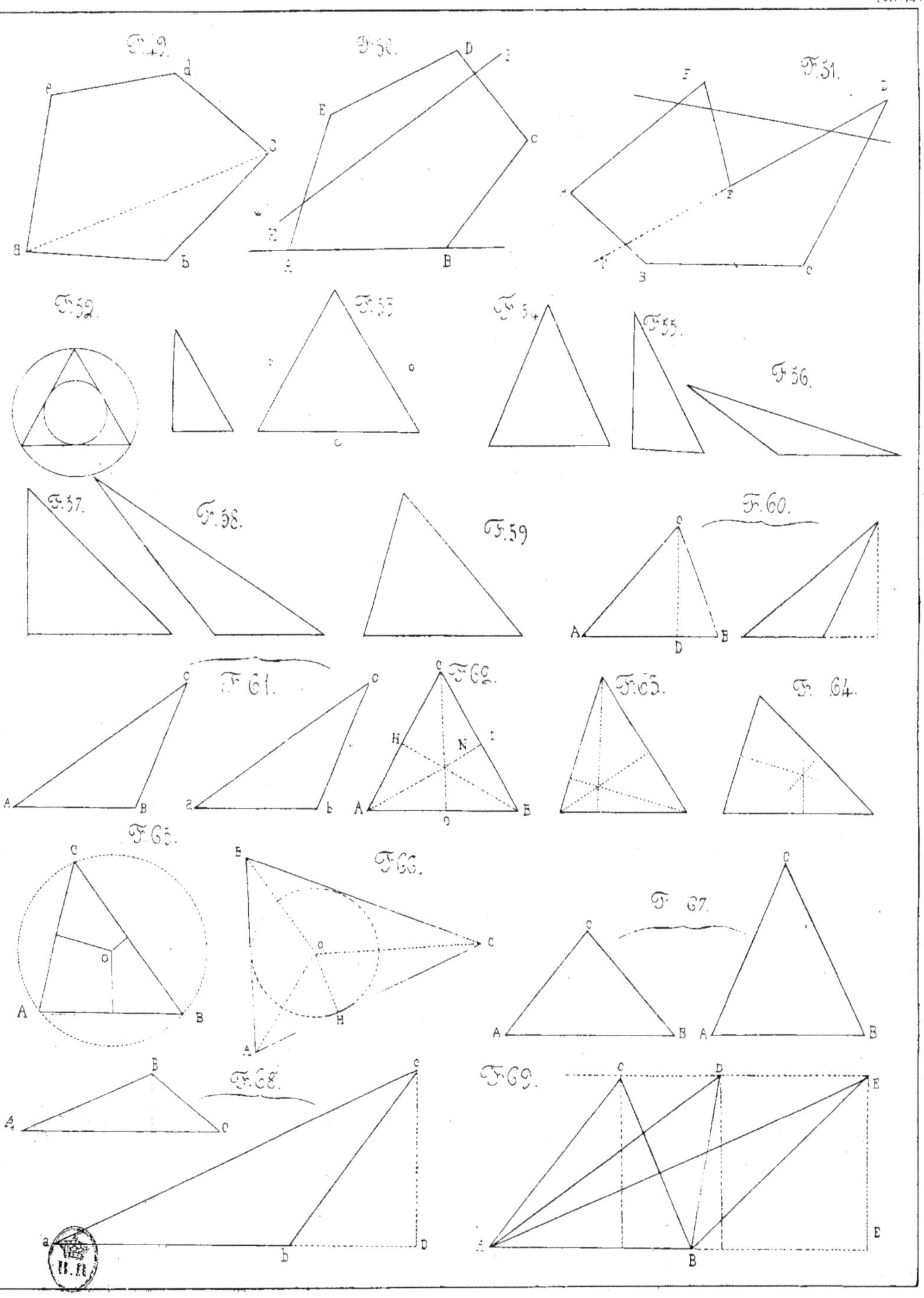
F. 49.
F. 50.
F. 51.
F. 52.
F. 53.
F. 54.
F. 55.
F. 56.
F. 57.
F. 58.
F. 59
F. 60.
F. 61.
F. 62.
F. 63.
F. 64.
F. 65.
F. 66.
F. 67.
F. 68.
F. 69.

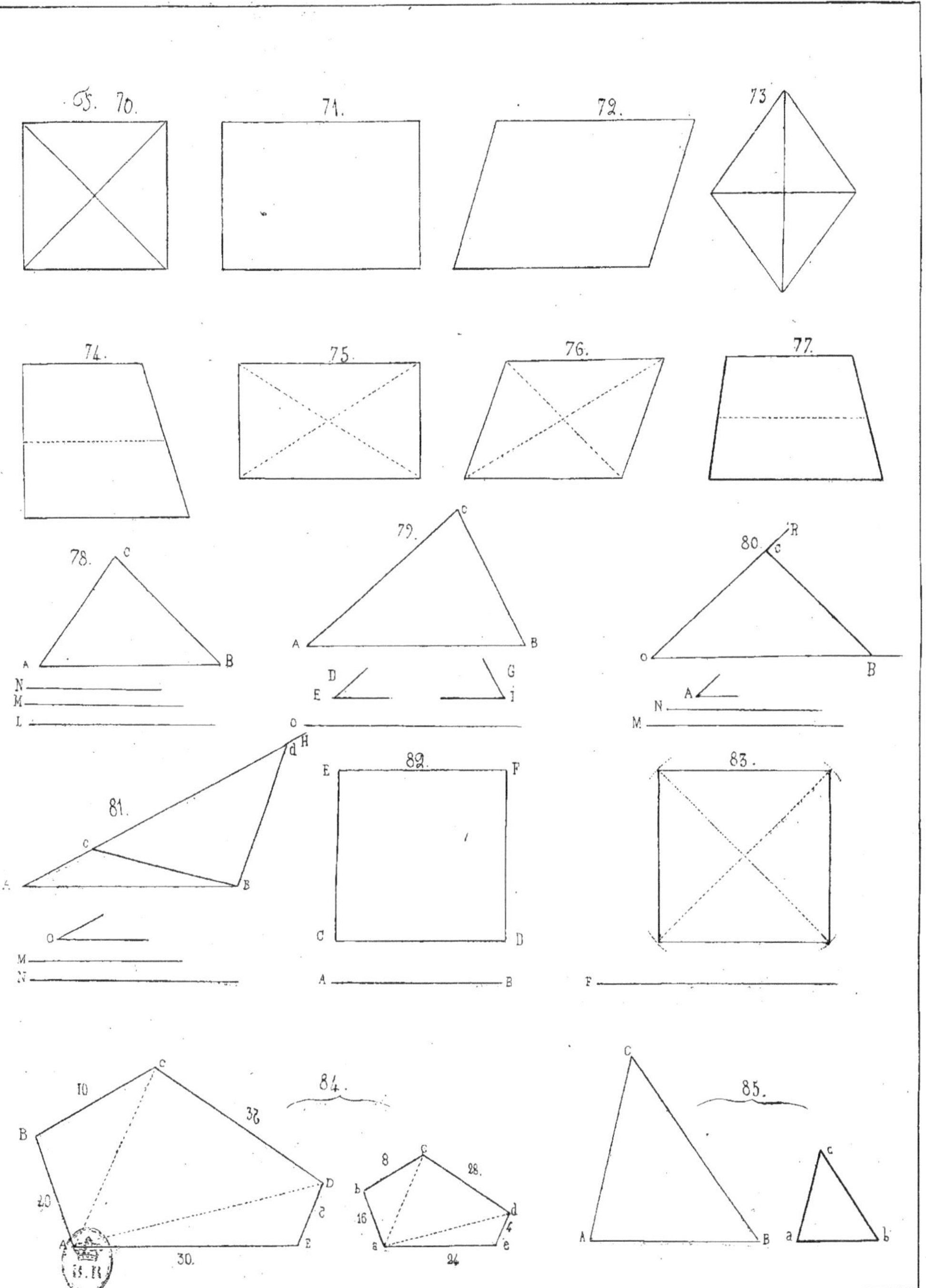

F. 70.
71.
72.
73
74.
75
76.
77.
78.
79.
80.
81.
82.
83.
84.
85.

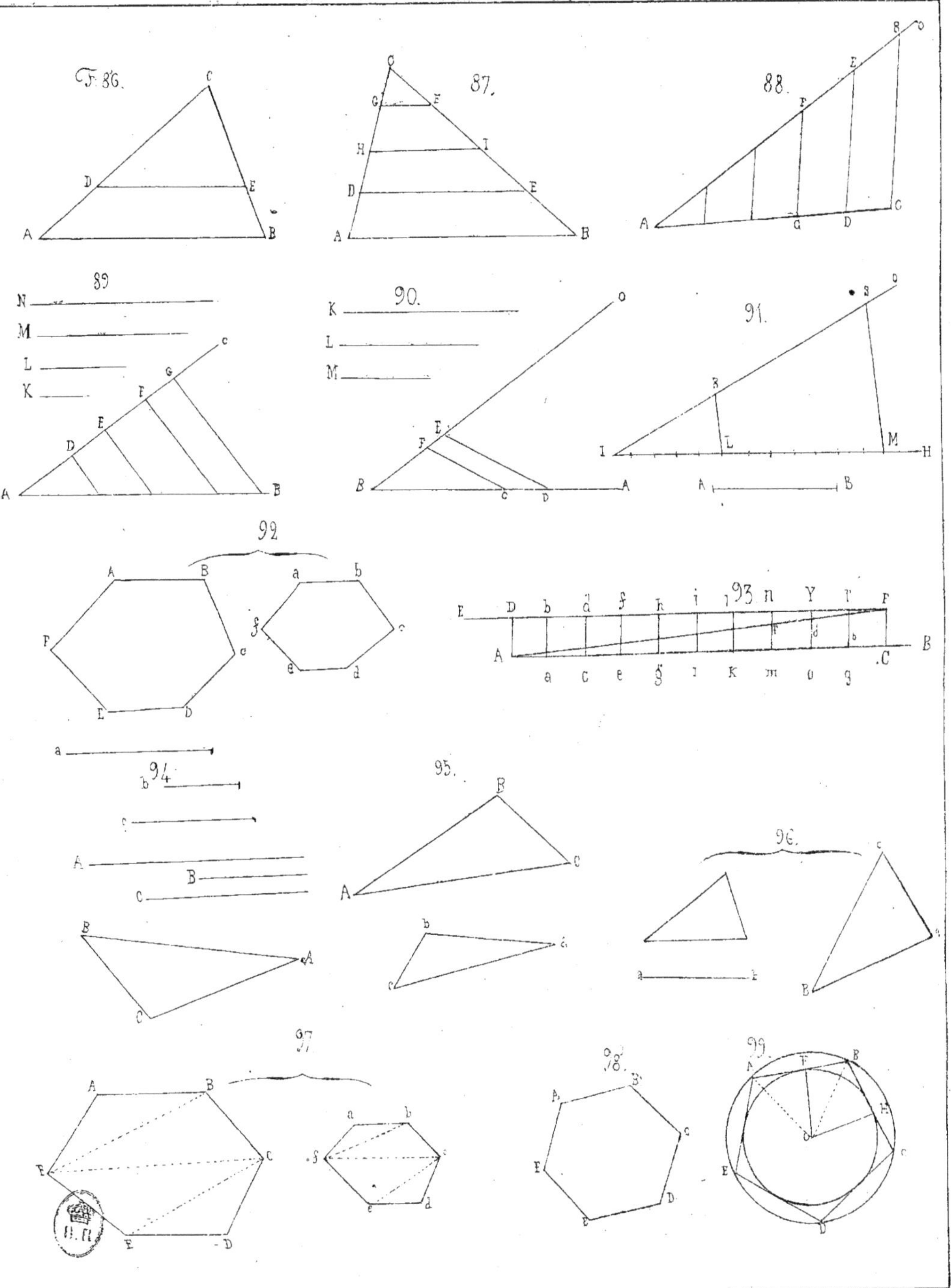
F. 86.
87.
88.
89
90.
91.
92
93
94
95.
96.
97
98.
99.

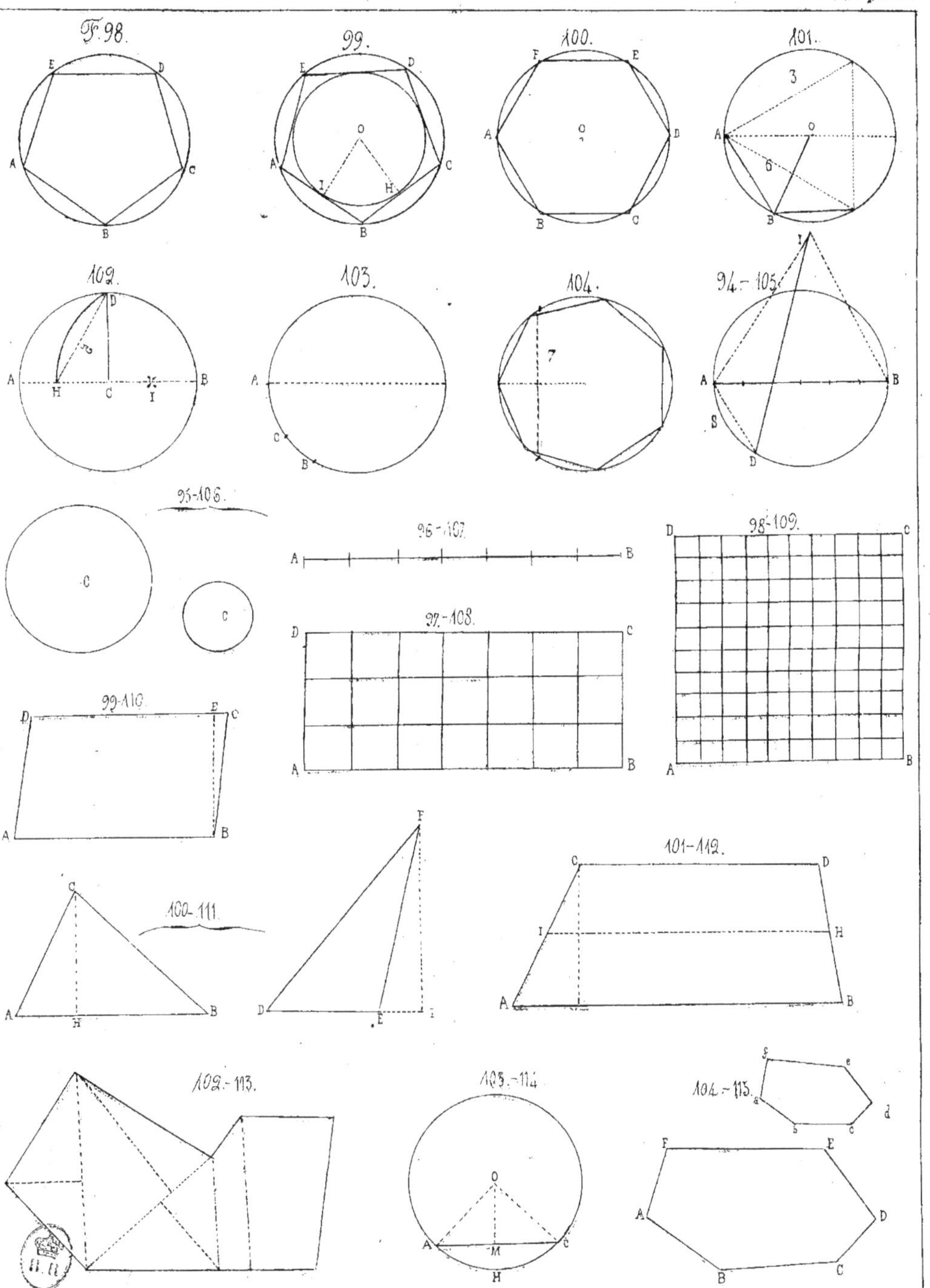
F. 98.
99.
100.
101.
102.
103.
104.
94.-105.
95-106.
96-107.
97.-108.
98-109.
99-110.
100-111.
101-112.
102-113.
103-114
104-115.

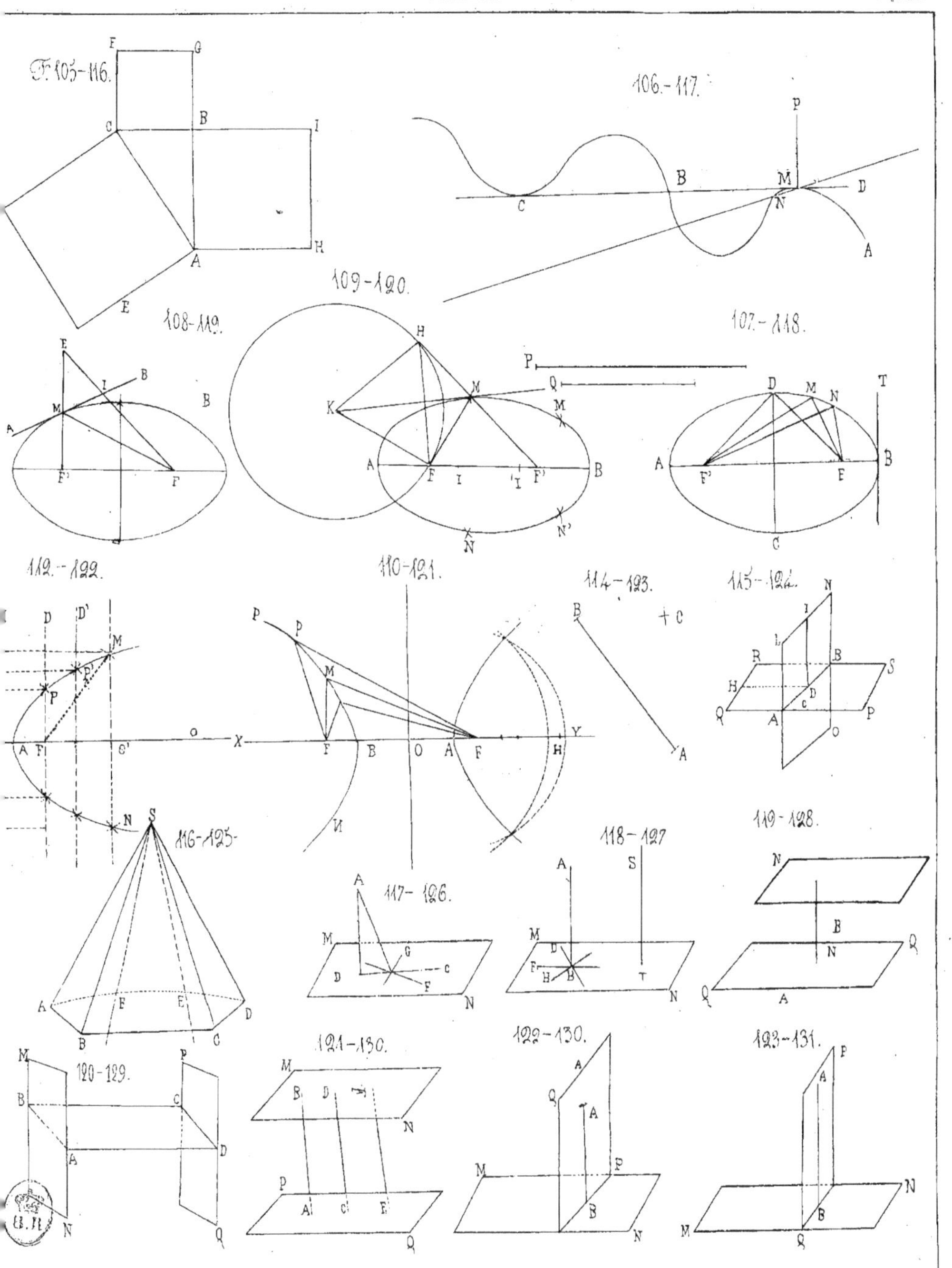
F. 105-116.
106.-117.
109-120.
108-119.
107.-118.
112.-122.
110-121.
114-123.
115-124.
116-125-
118-127
119-128.
117-126.
120-129.
121-130.
122-130.
123-131.

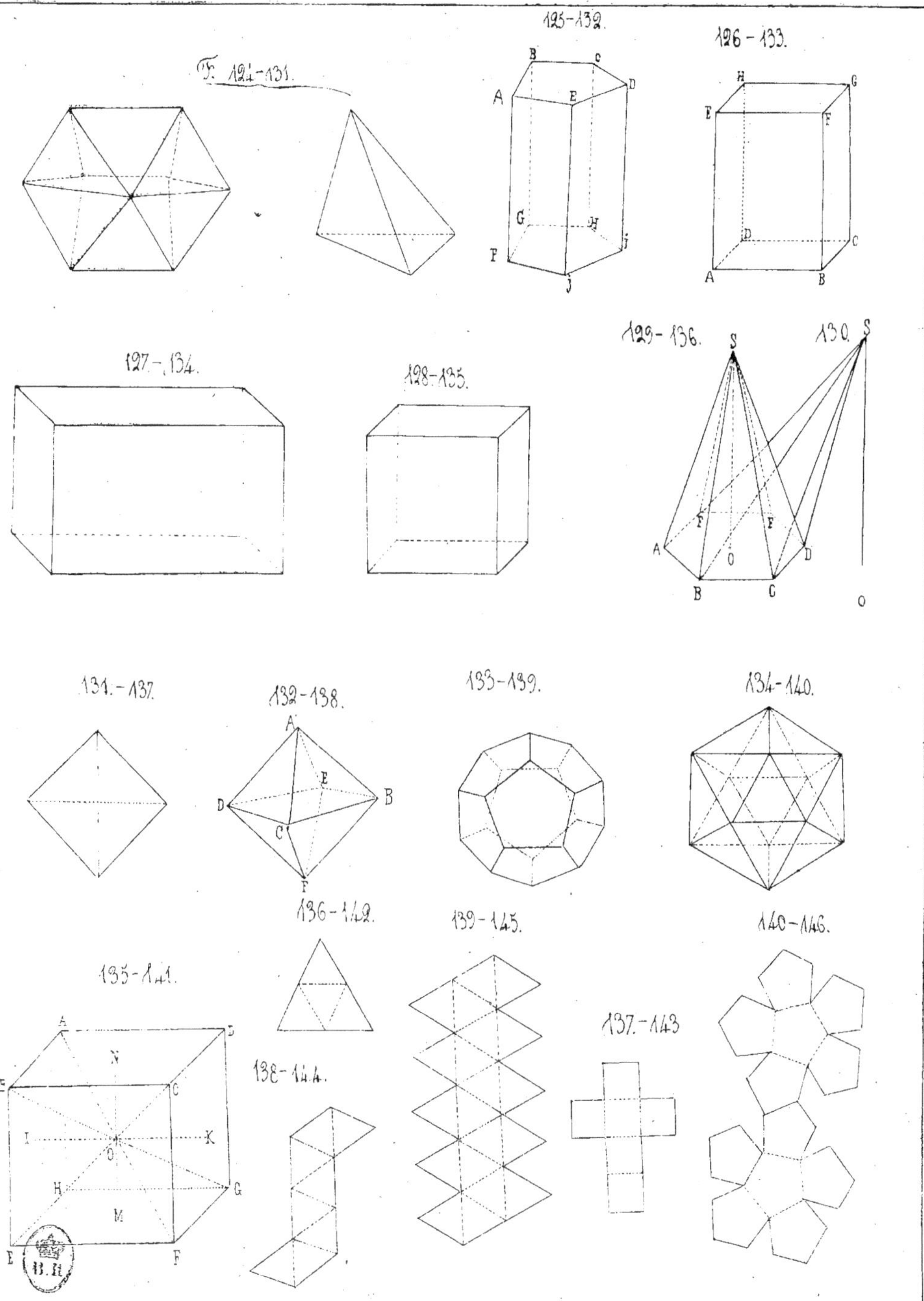
F. 124-131.
125-132.
A B C D E
G H F J I
126-133.
H G E F
D C A B
127-134.
128-135.
129-136.
S
F E A O D B C
130.
S
O
131-137.
132-138.
A E D B C F
133-139.
134-140.
136-142.
139-145.
140-146.
135-141.
A D N E C I K O H G M E F
138-144.
137-143
B.R.

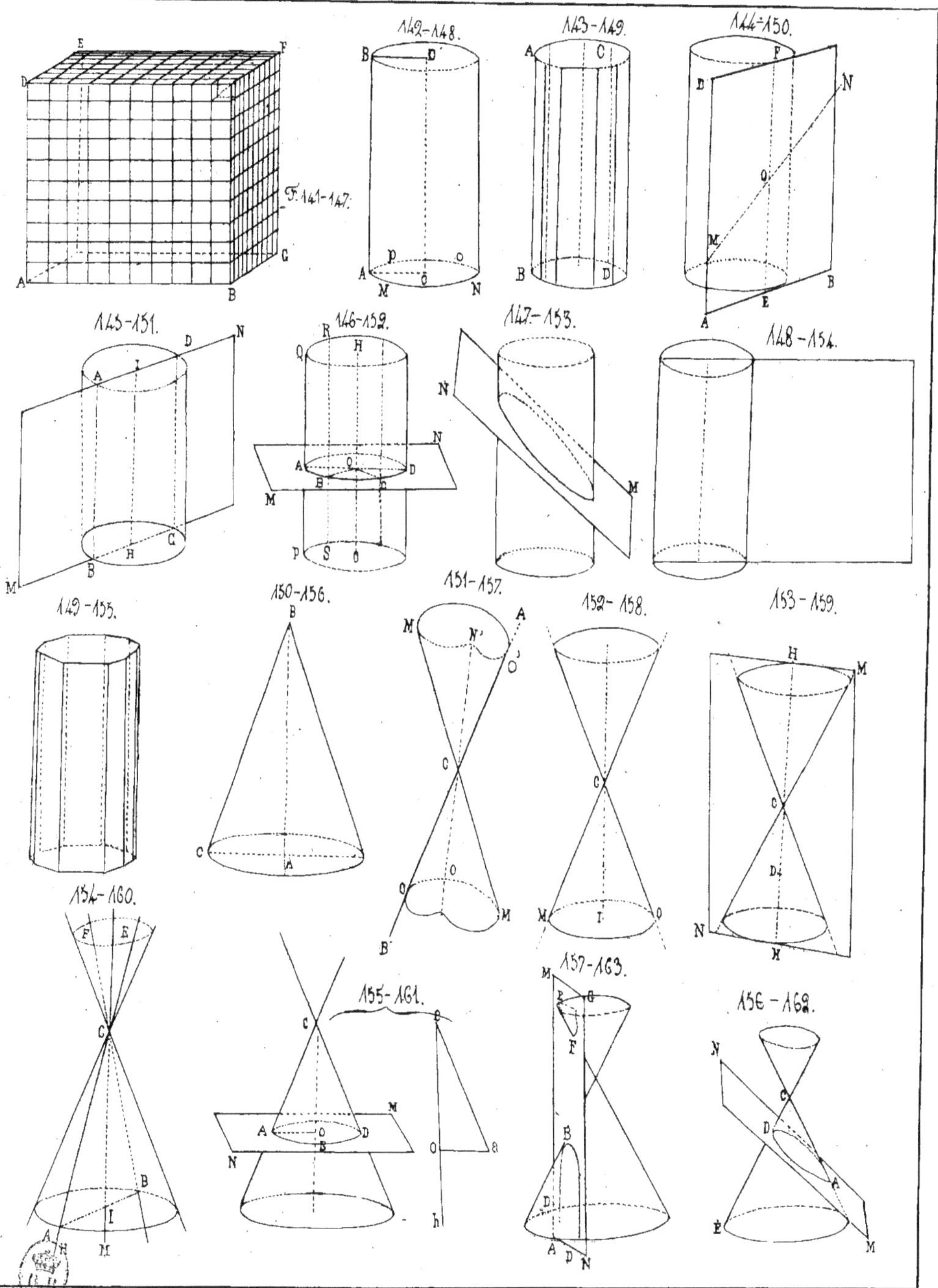
F. 141-147.
142-148.
143-149.
144-150.
145-151.
146-152.
147-153.
148-154.
149-155.
150-156.
151-157.
152-158.
153-159.
154-160.
155-161.
157-163.
156-162.

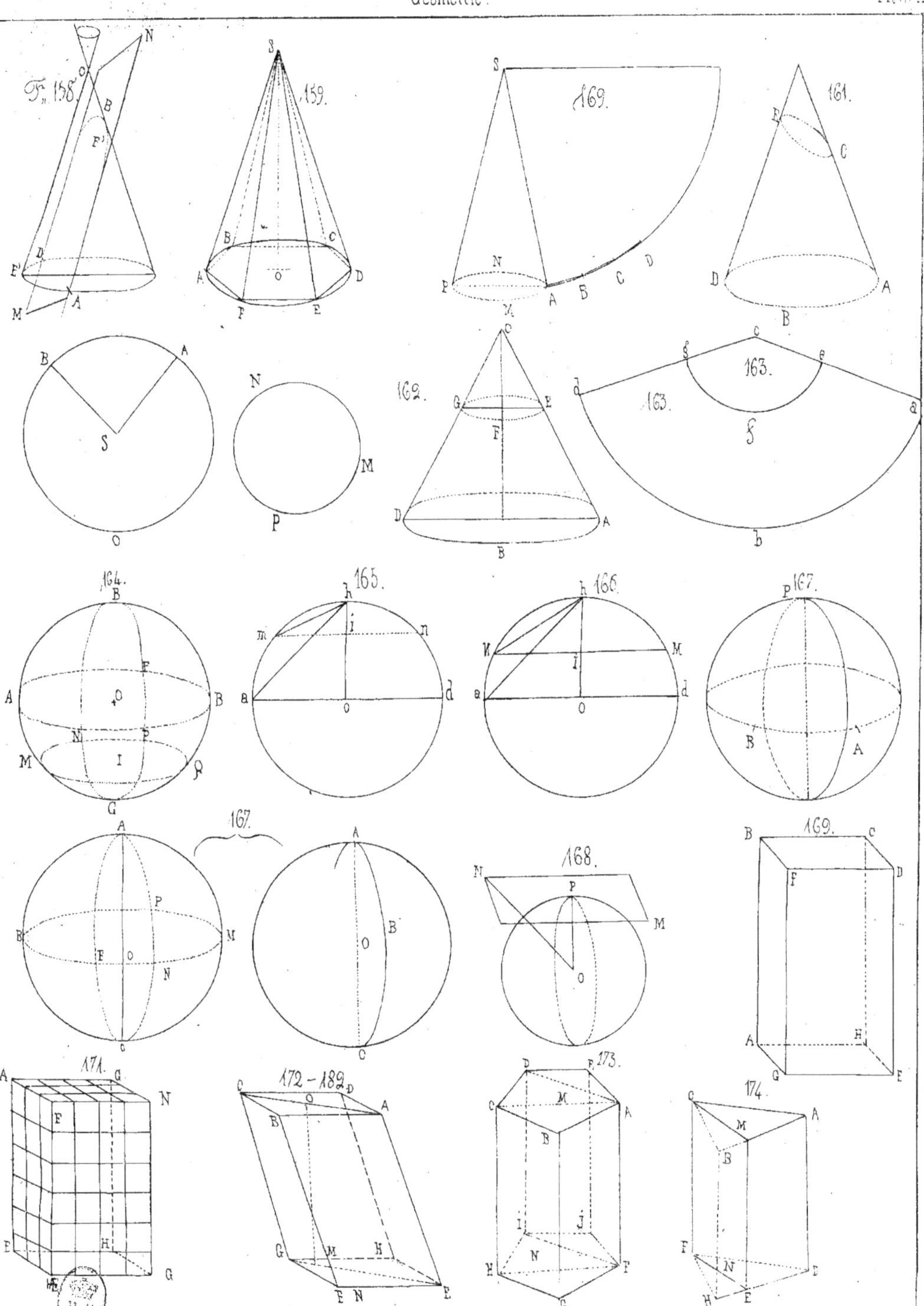

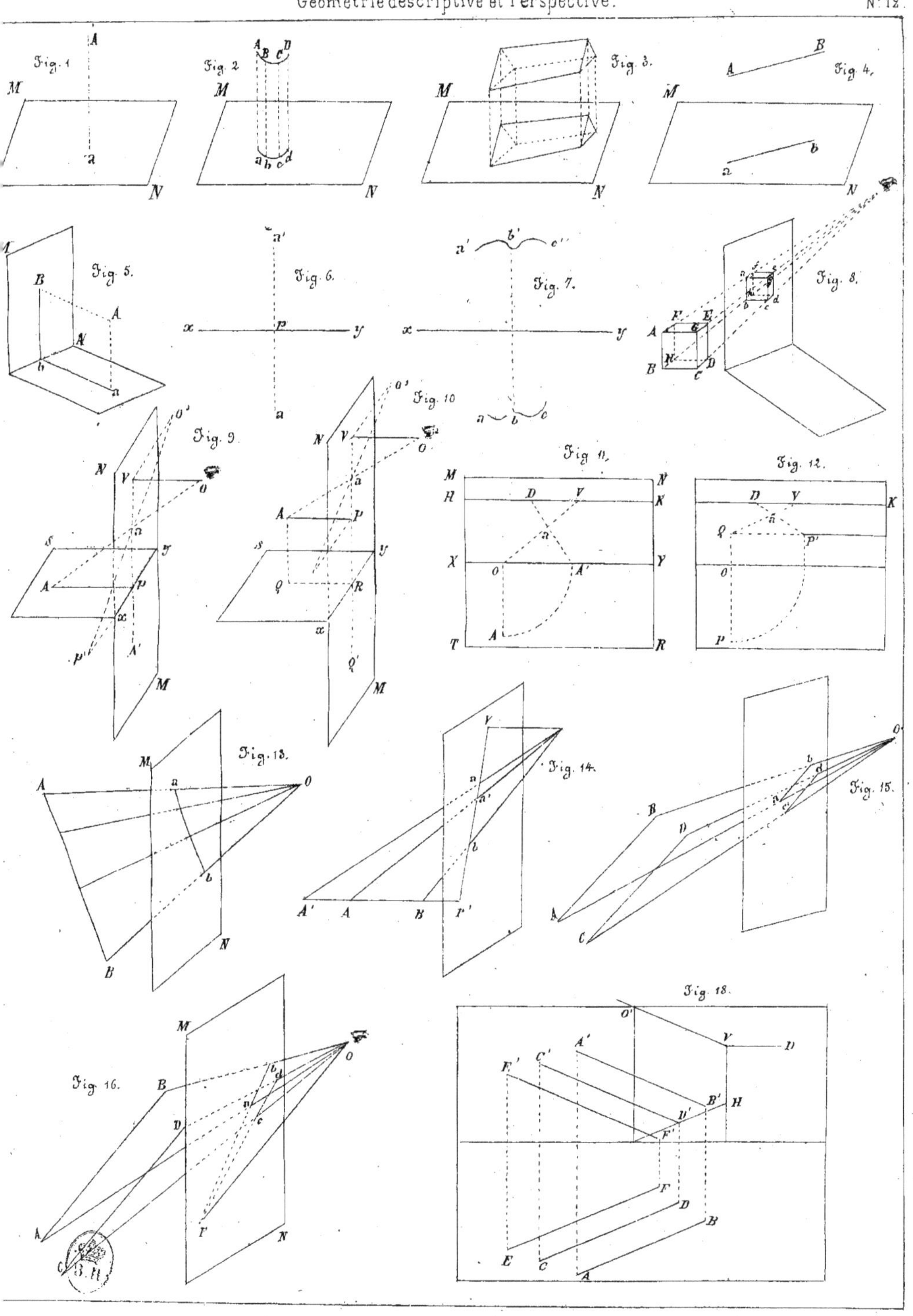
Fig. 1
Fig. 2
Fig. 3.
Fig. 4.
Fig. 5.
Fig. 6.
Fig. 7.
Fig. 8.
Fig. 9.
Fig. 10
Fig. 11.
Fig. 12.
Fig. 13.
Fig. 14.
Fig. 15.
Fig. 16.
Fig. 18.

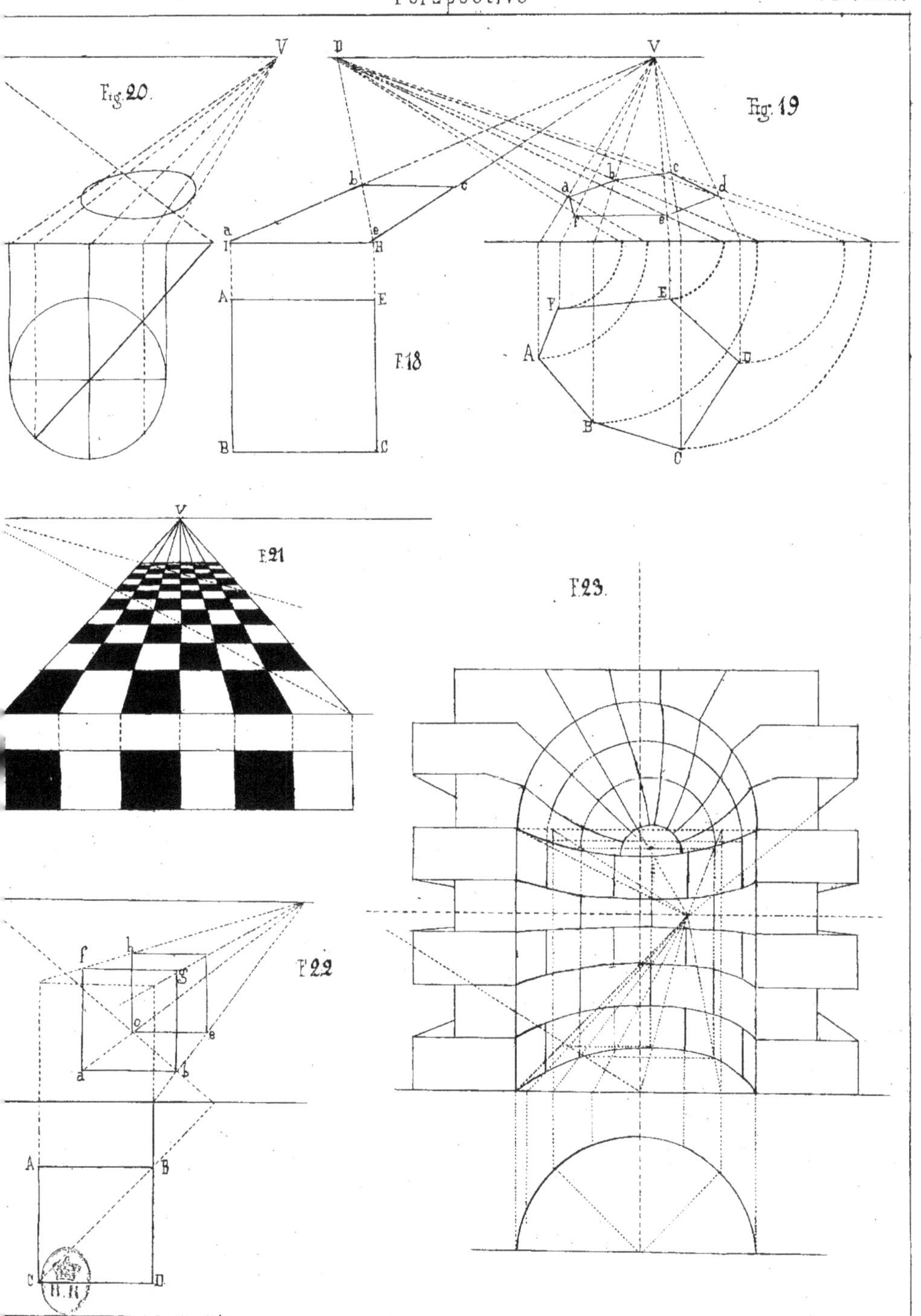
Fig. 20.
Fig. 19
F.18
F.21
F.22
F.23.

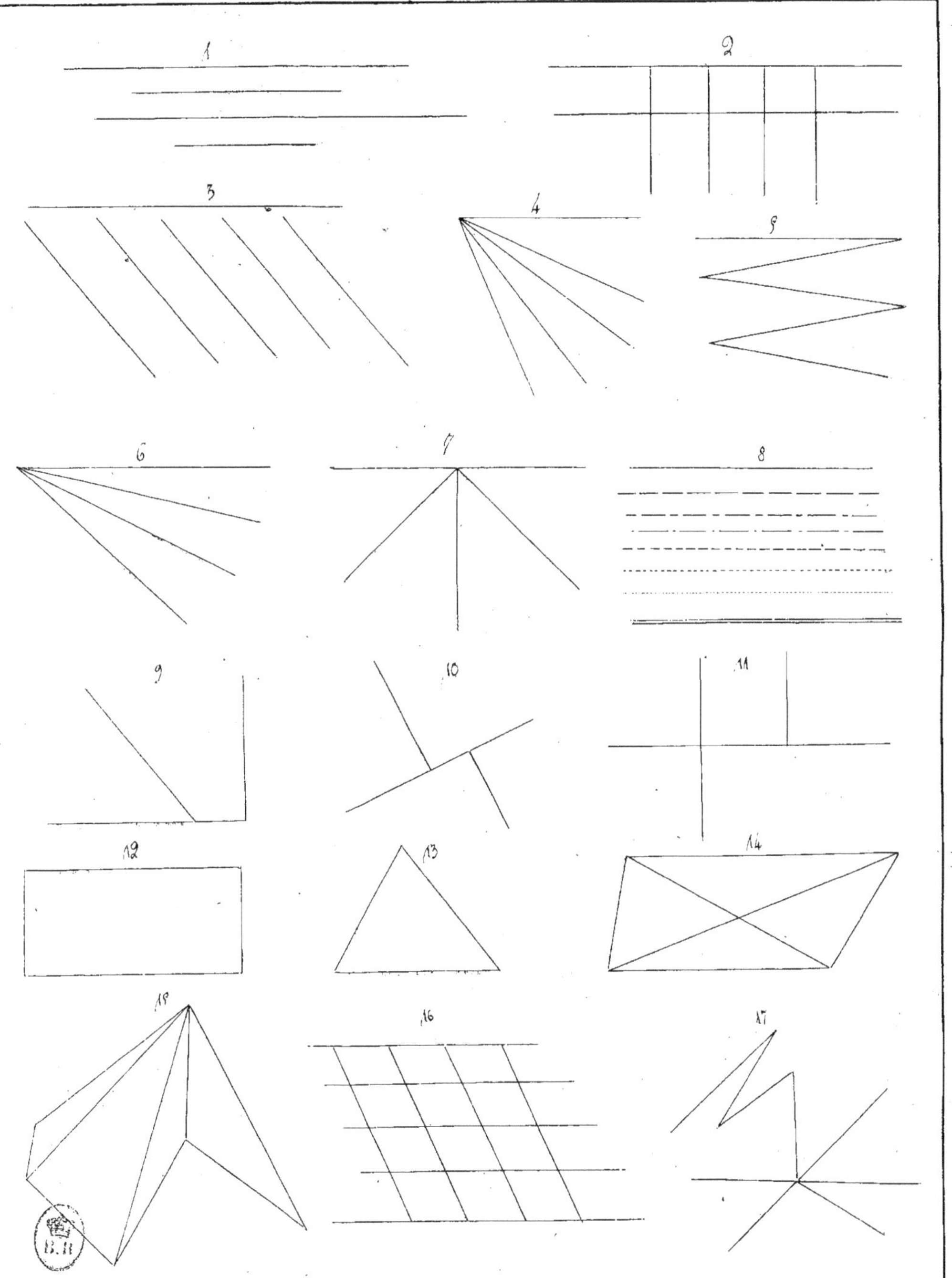

Lith. Bouvelier fr.

1 2 3 4 5 6 7 8 9 10 11 12 13 14 15 16 17

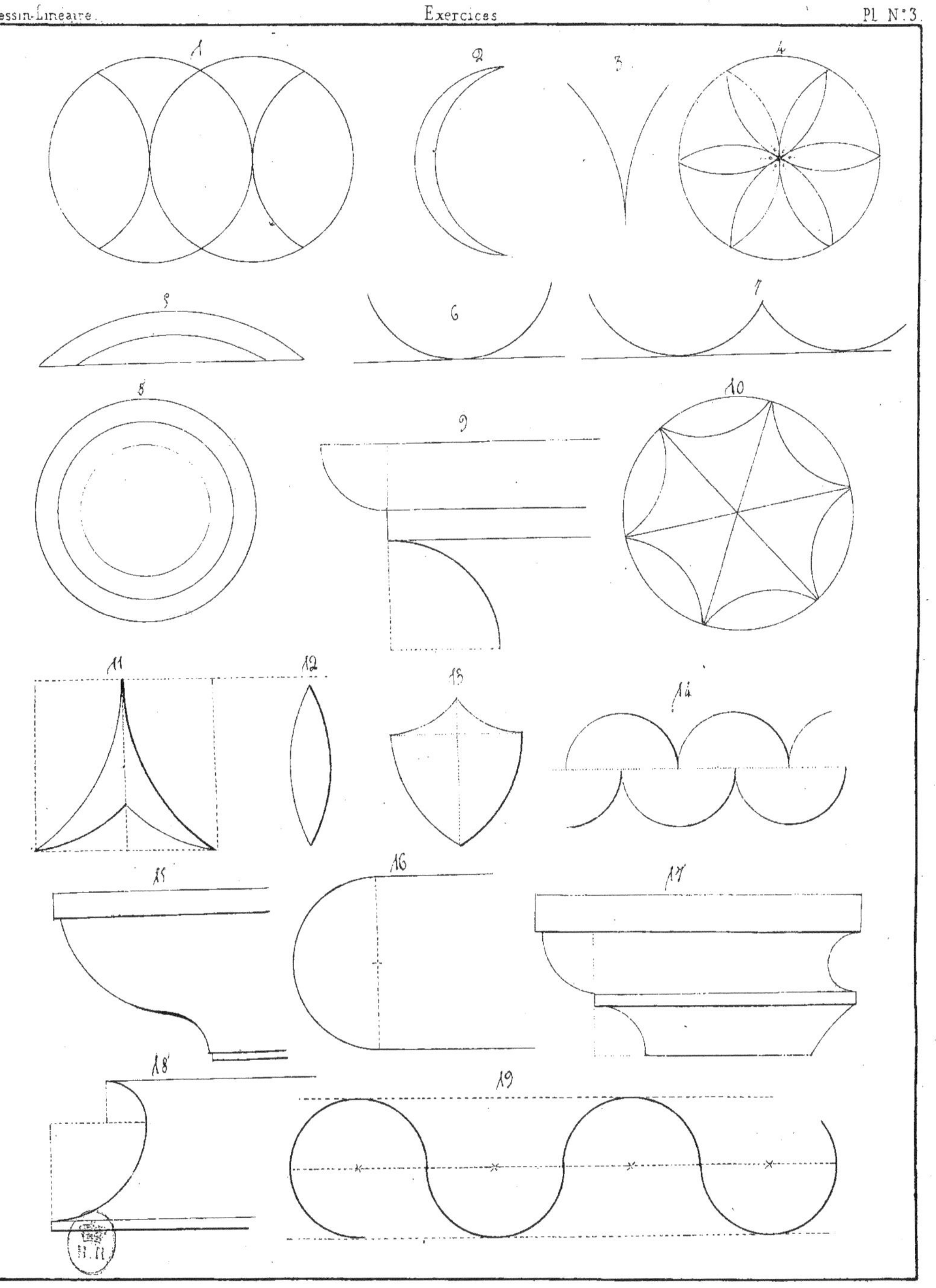
1
2
3
4
5
6
7
8
9
10
11
12
13
14
15
16
17
18
19

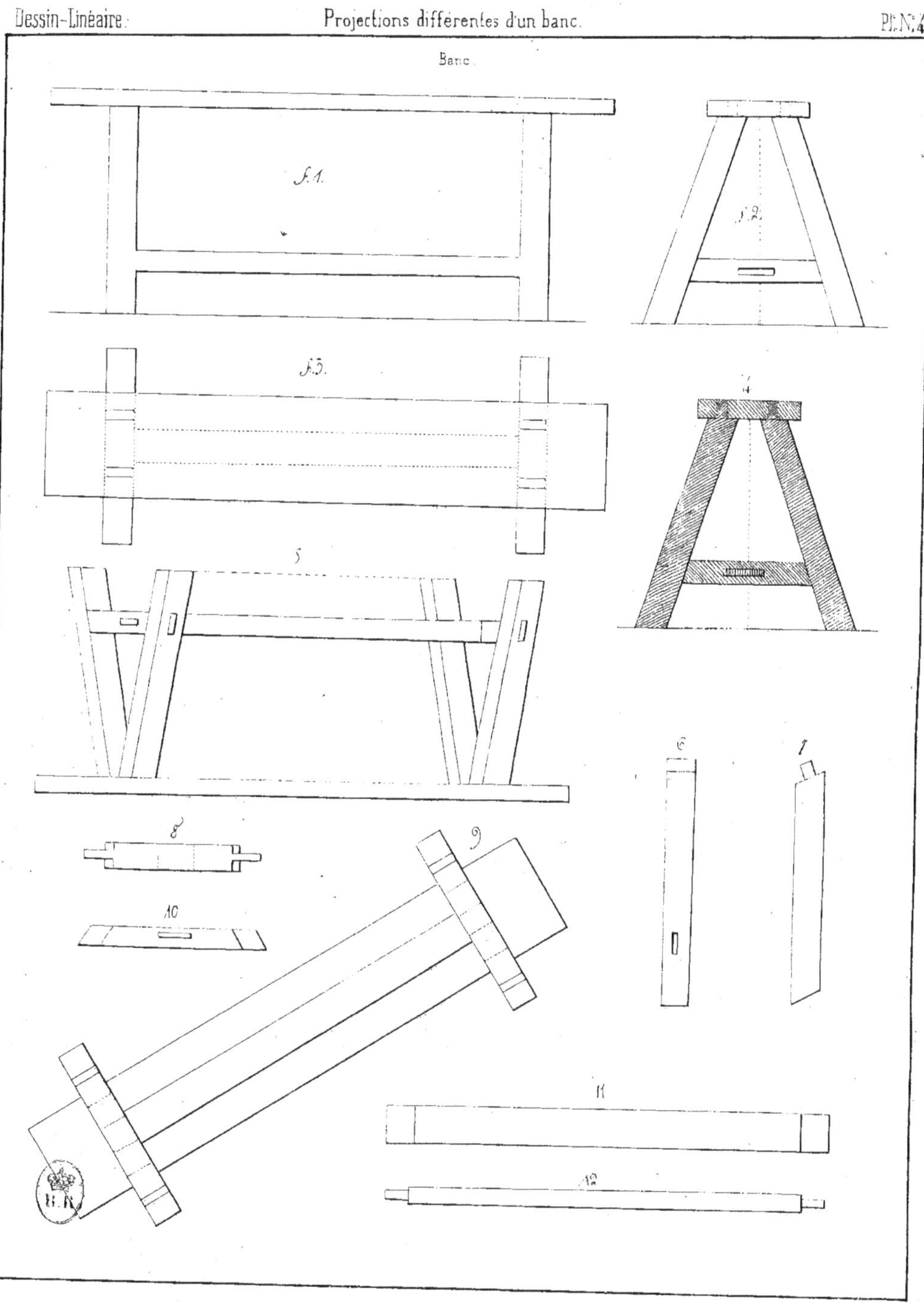
Banc.
f. 1.
f. 2.
f. 3.
4
5
6
7
8
9
10
11
12

1.
2.
3.
4.
5.
6.
7.
8.
9.
10.
11.
12.

F. 1re

2.

3.

4.

5.

6.

7.

8.

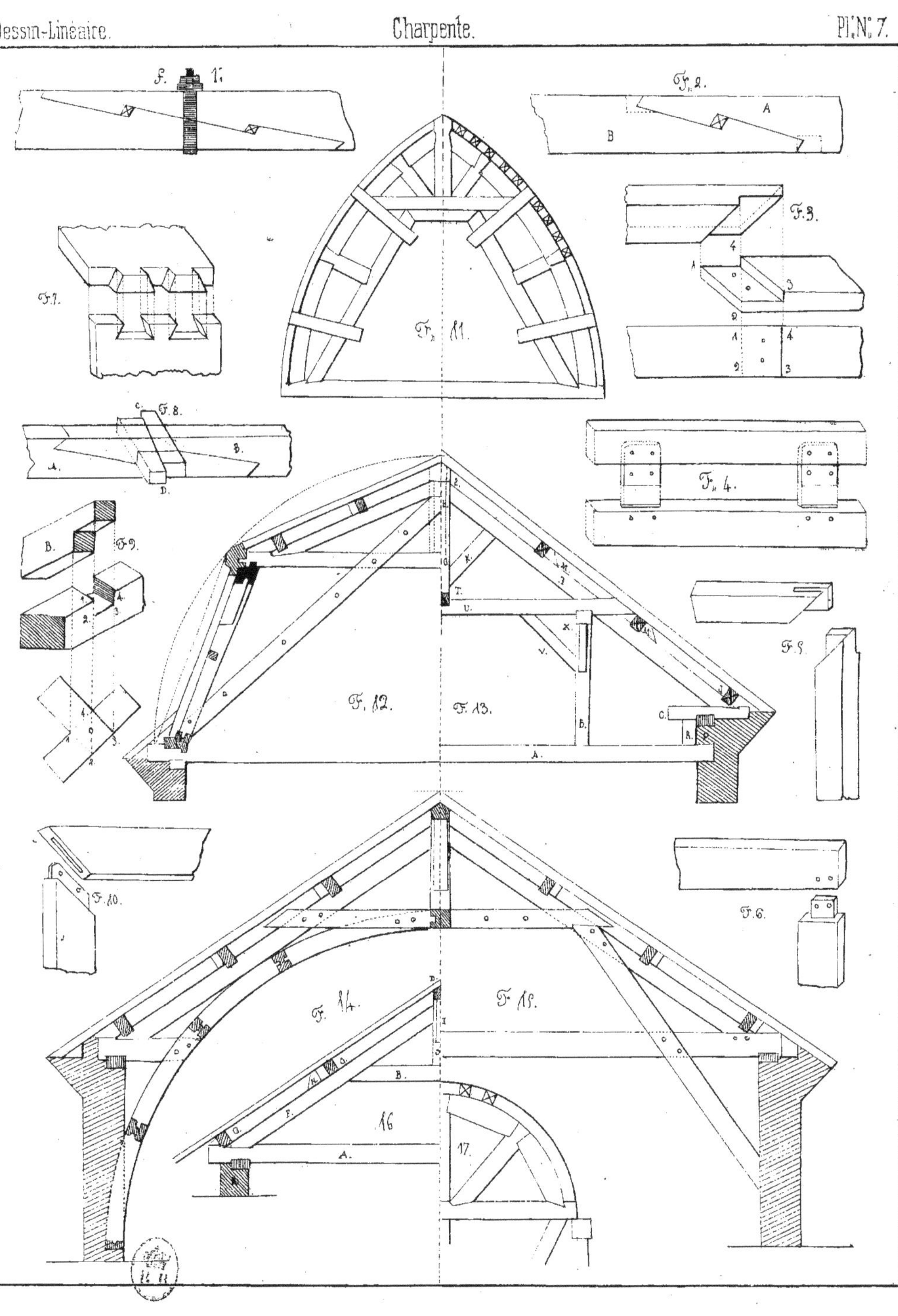
F. 1.
F. 2.
A
B
F. 3.
F. 4.
F. 5.
F. 6.
F. 7.
F. 8.
F. 9.
F. 10.
F. 11.
F. 12.
F. 13.
F. 14.
F. 15.
16
17.

Sonnettes Treuils Cylindres.

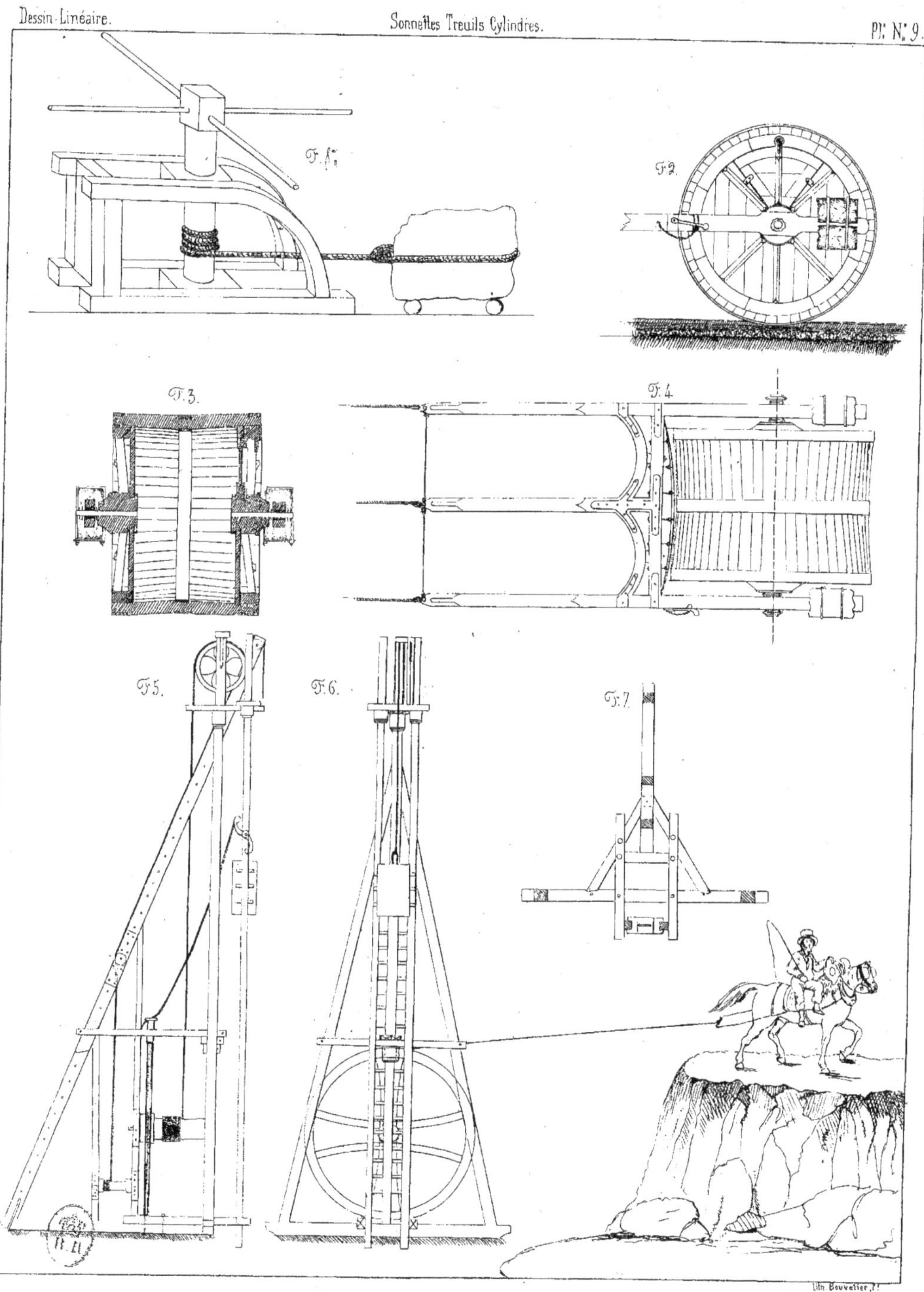

Lith Bouvetier, f.

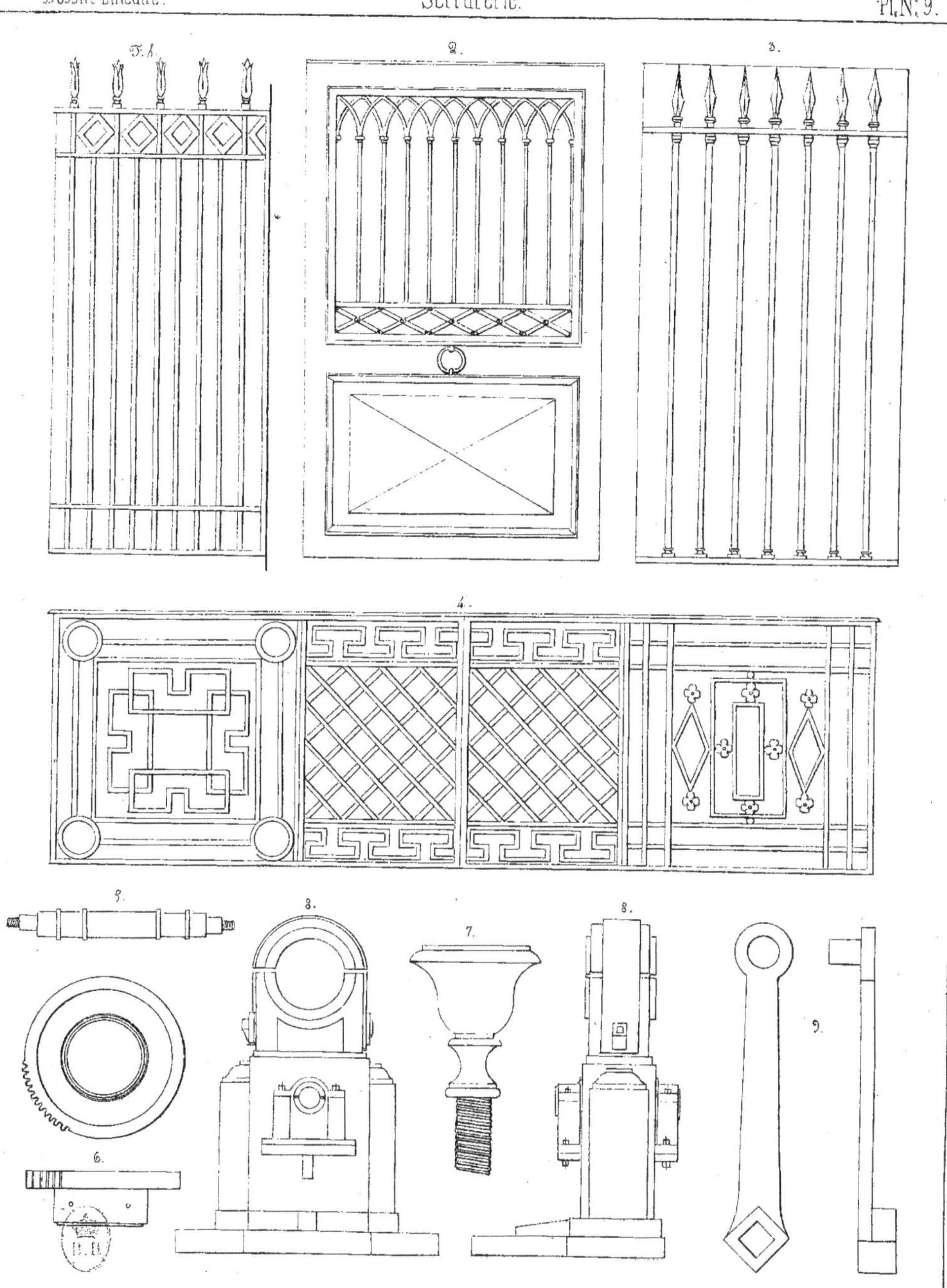

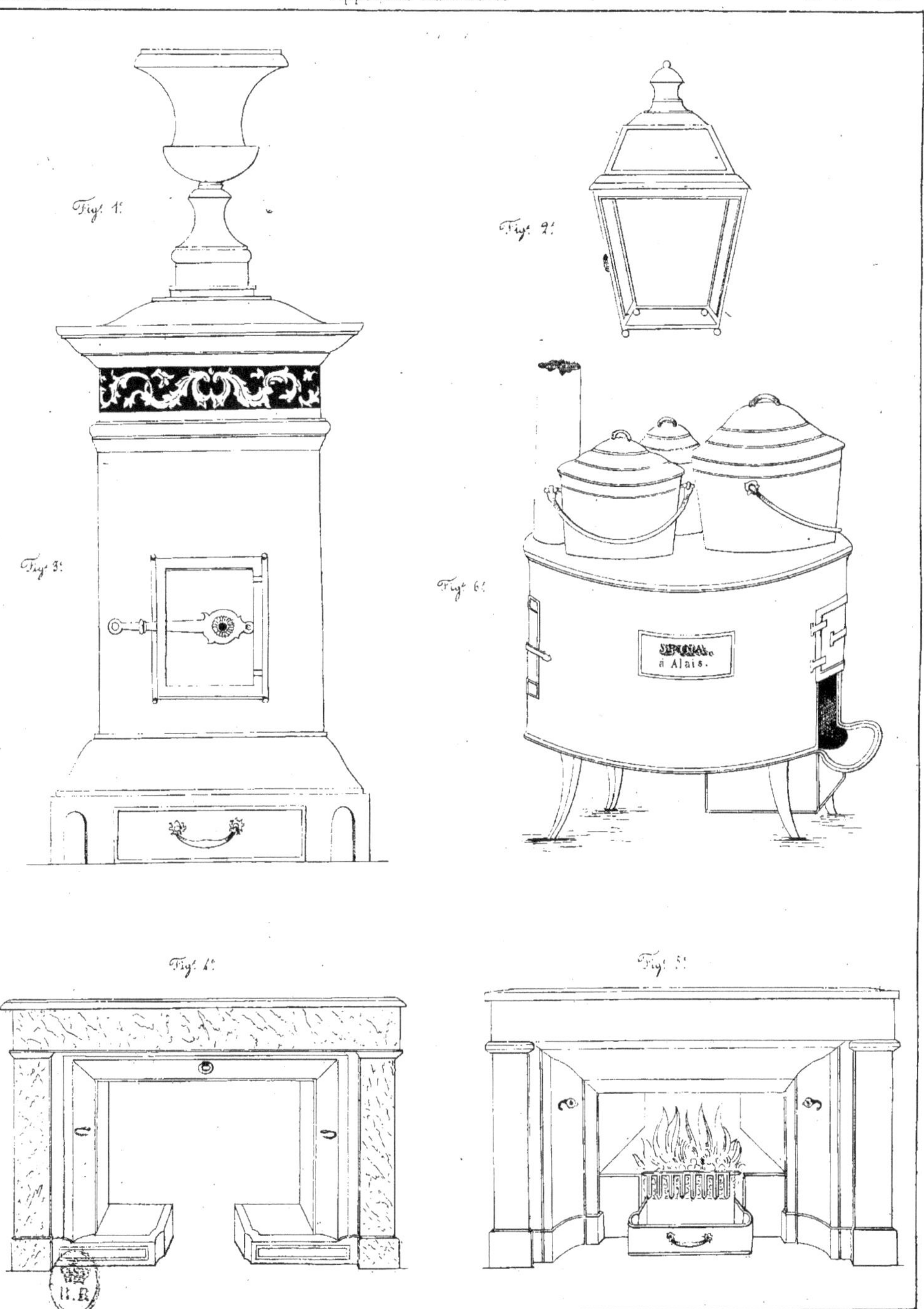

Lith. Bouvetier frères Nîmes

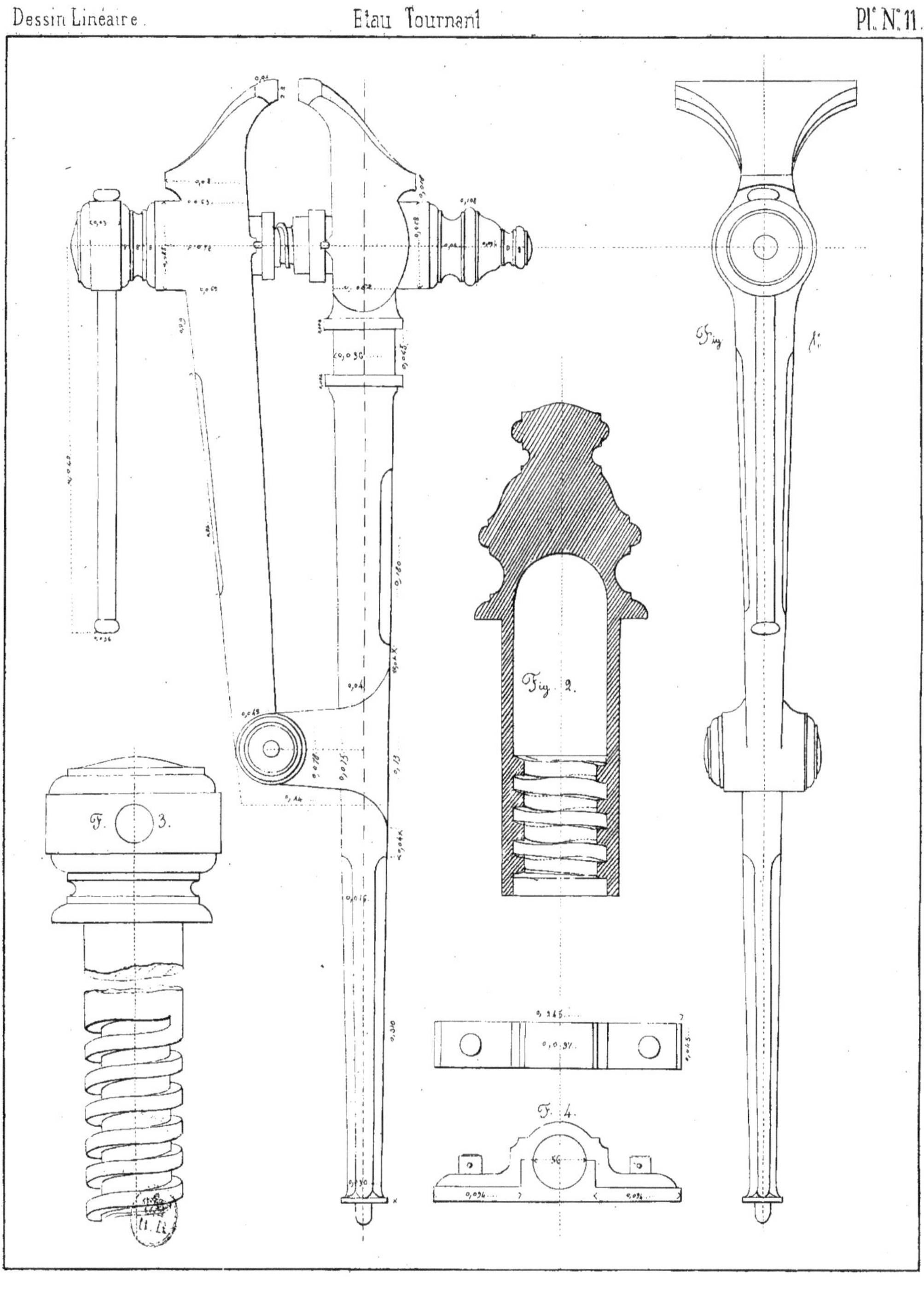
Fig. 1.
Fig. 2.
F. 3.
F. 4.

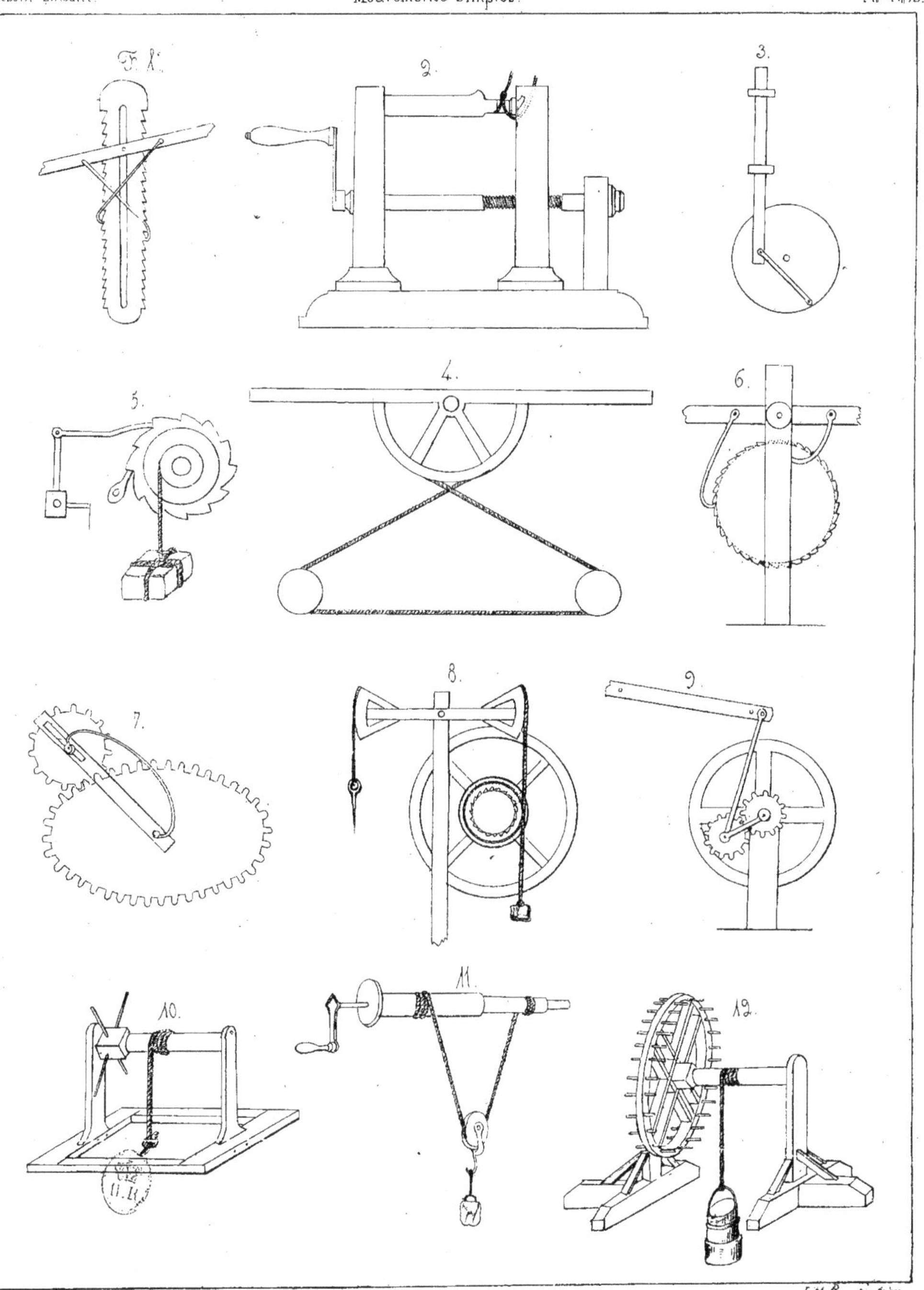

Lith Bouvetier frères.

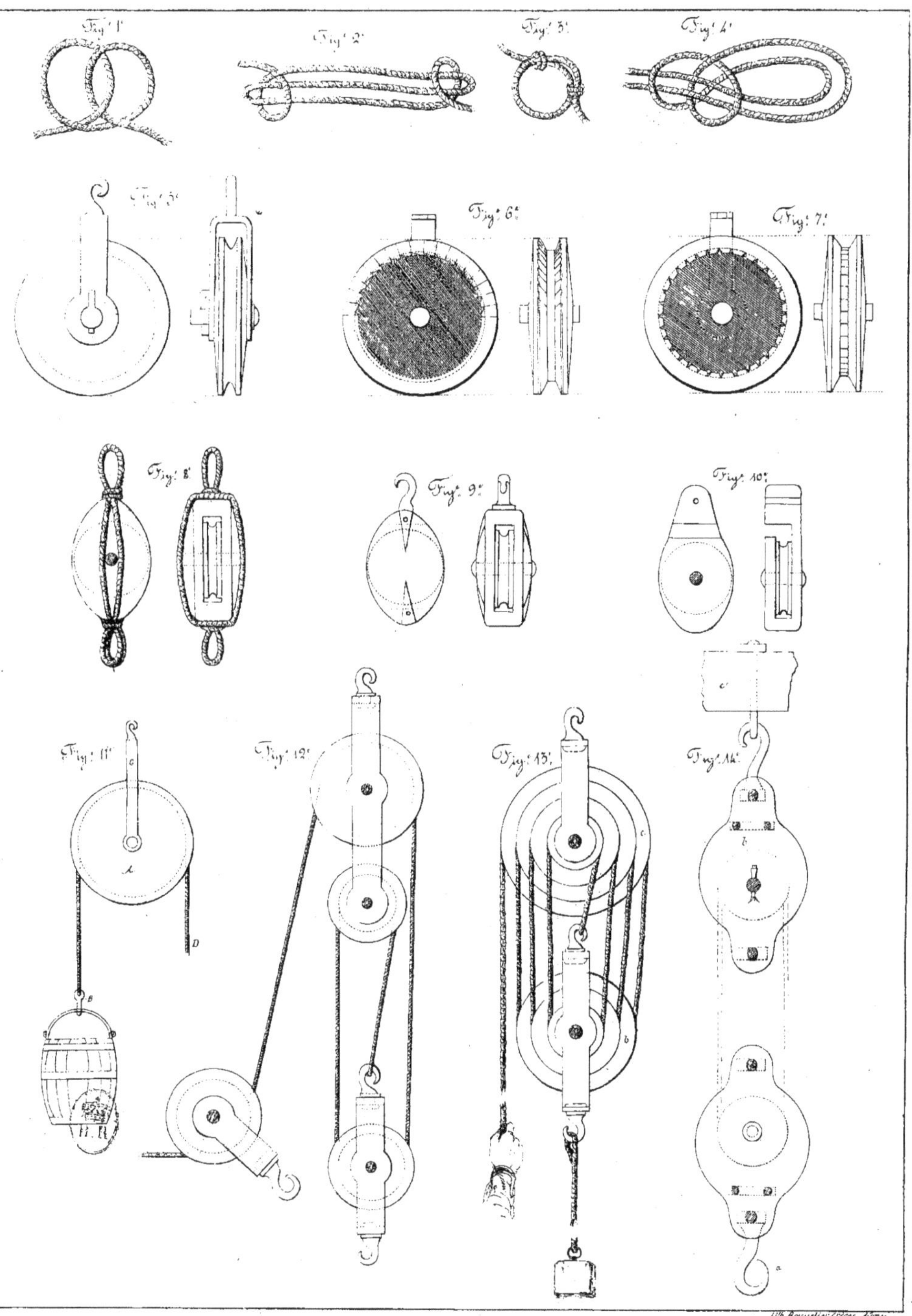

Lith. Bouvelier frères. Nantes.

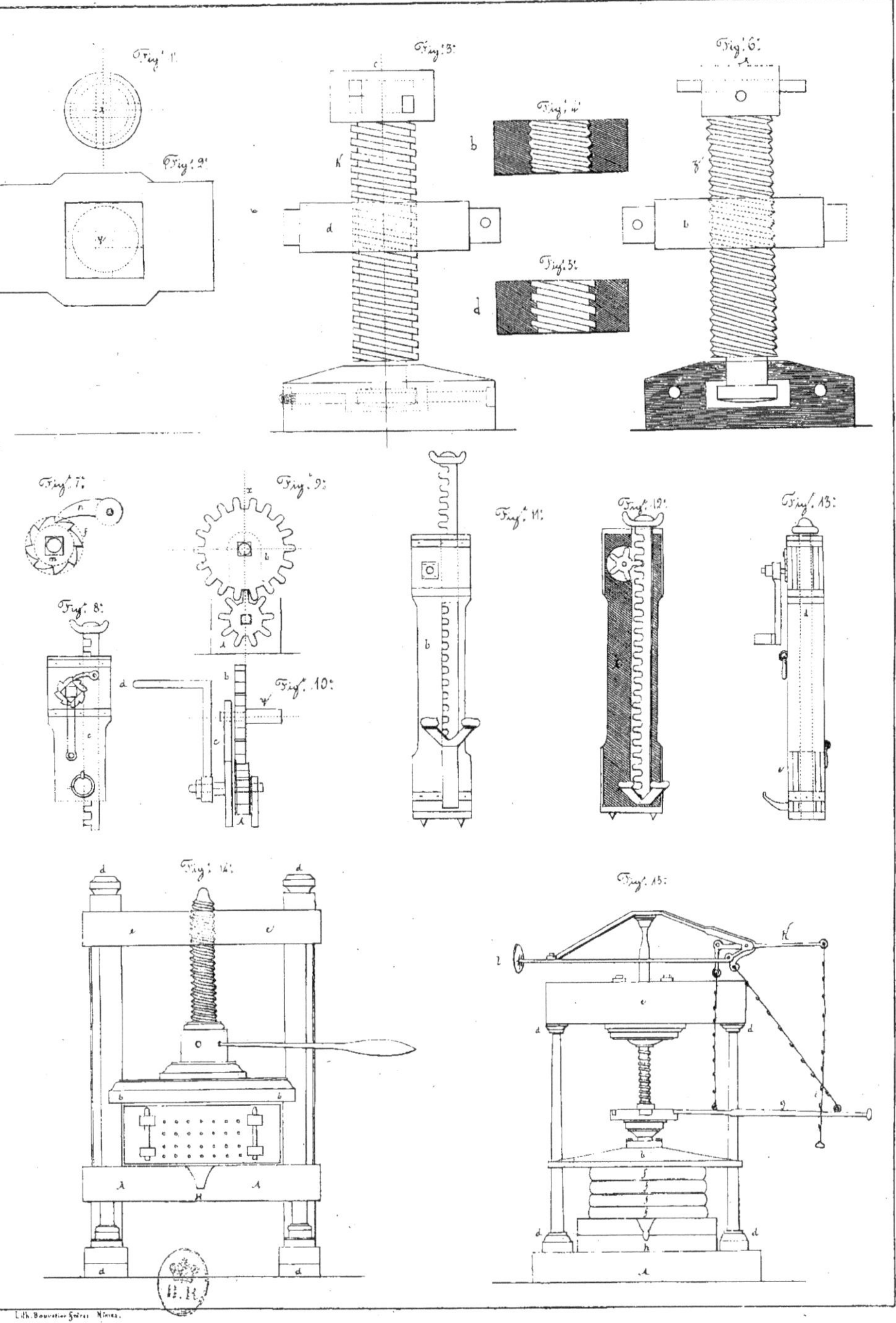

Lith. Bouvetier Gérès Nîmes.

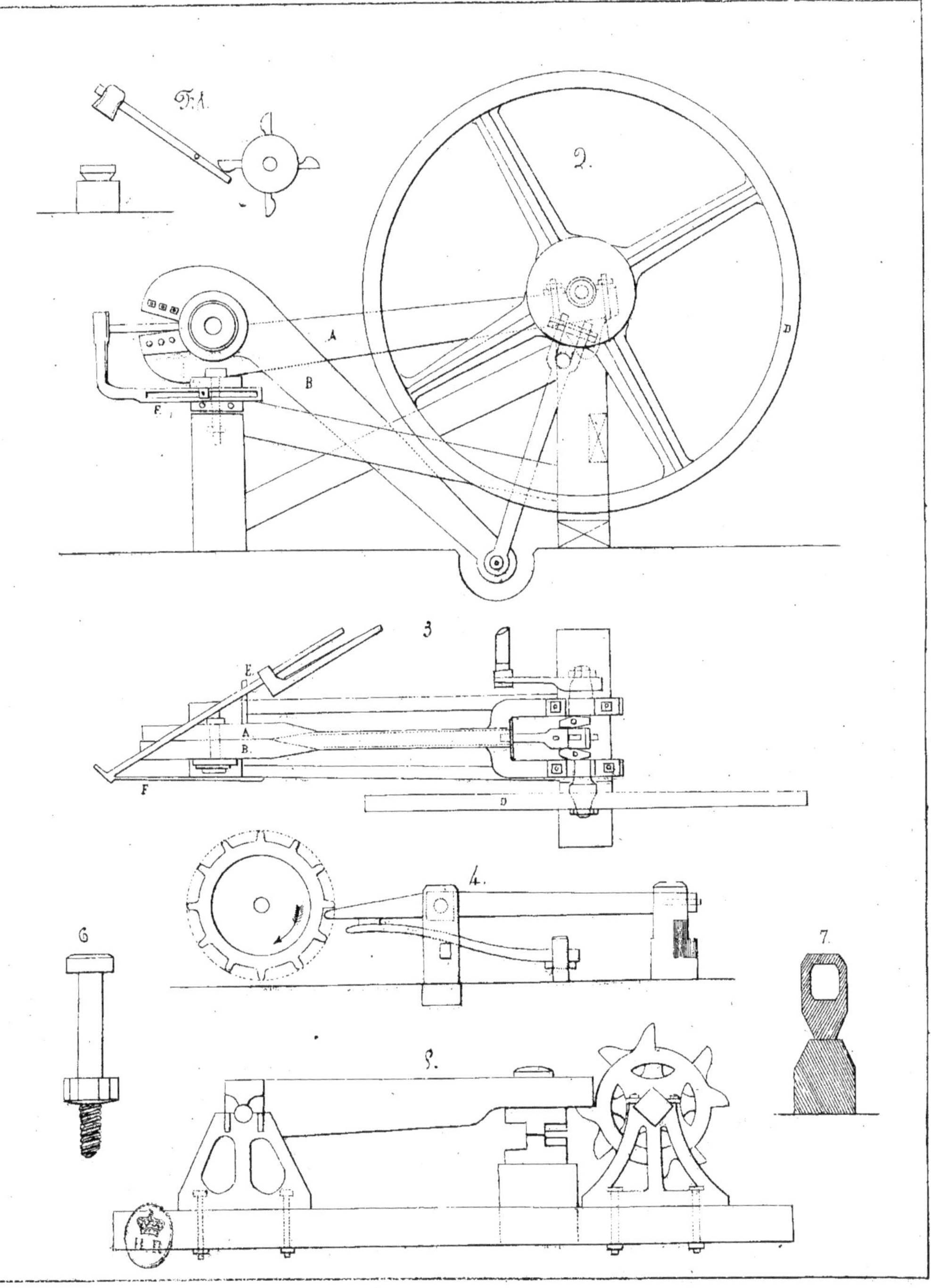
F. 1.
2.
A
B
D
E
3
E.
A.
B.
F
D
4.
6
7.
5.

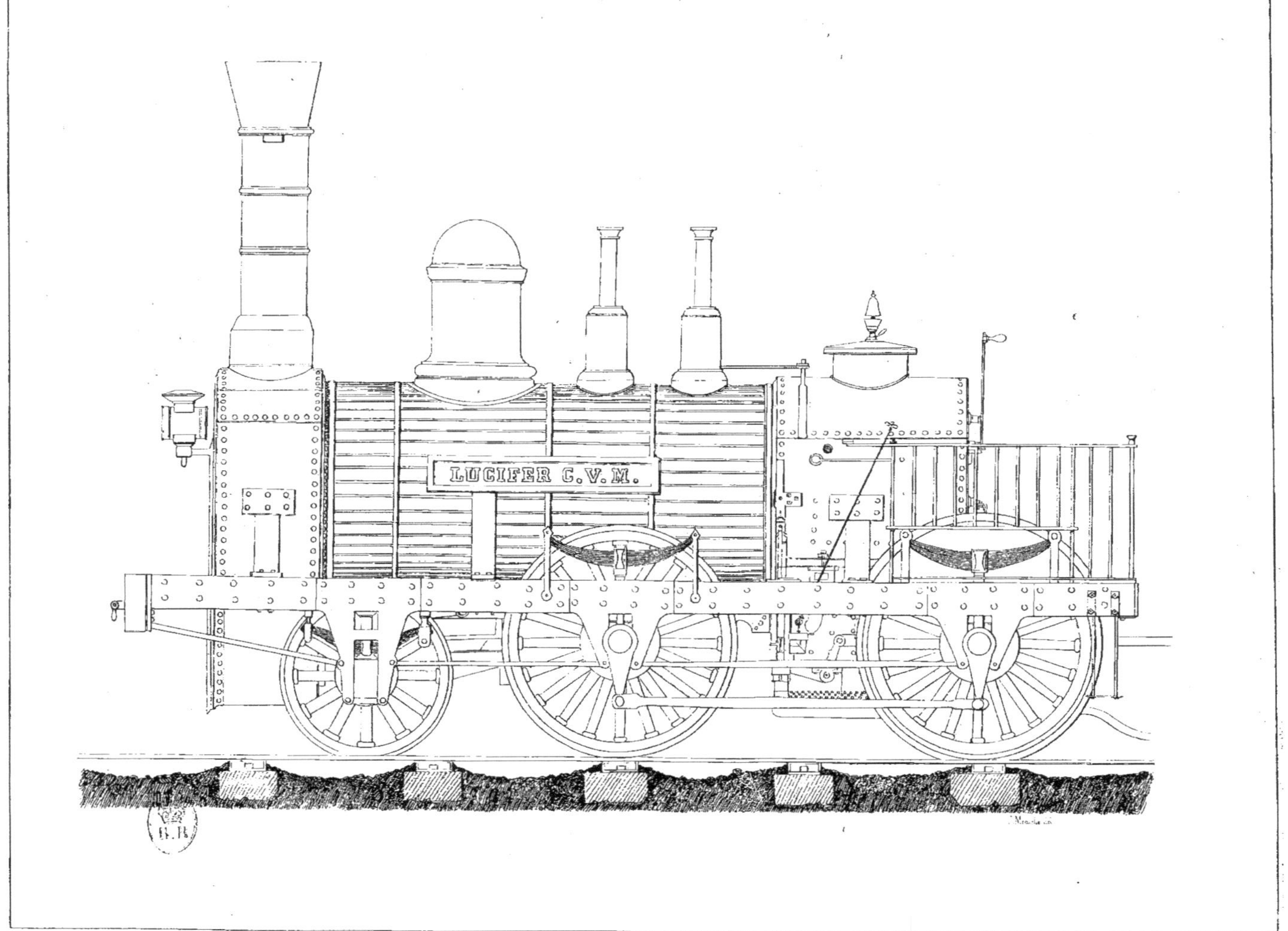
LUCIFER C.V.M.

Engrenage.

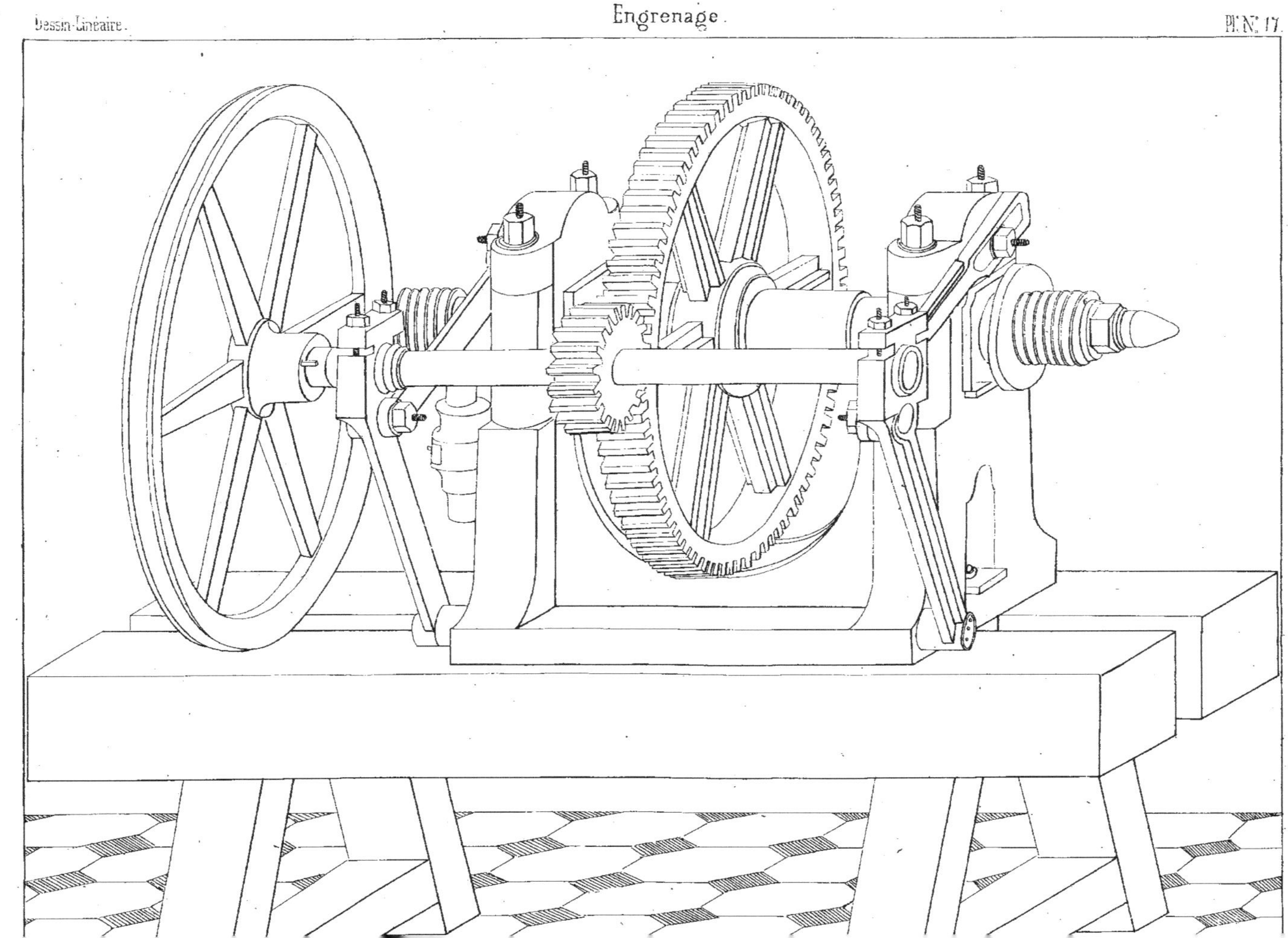

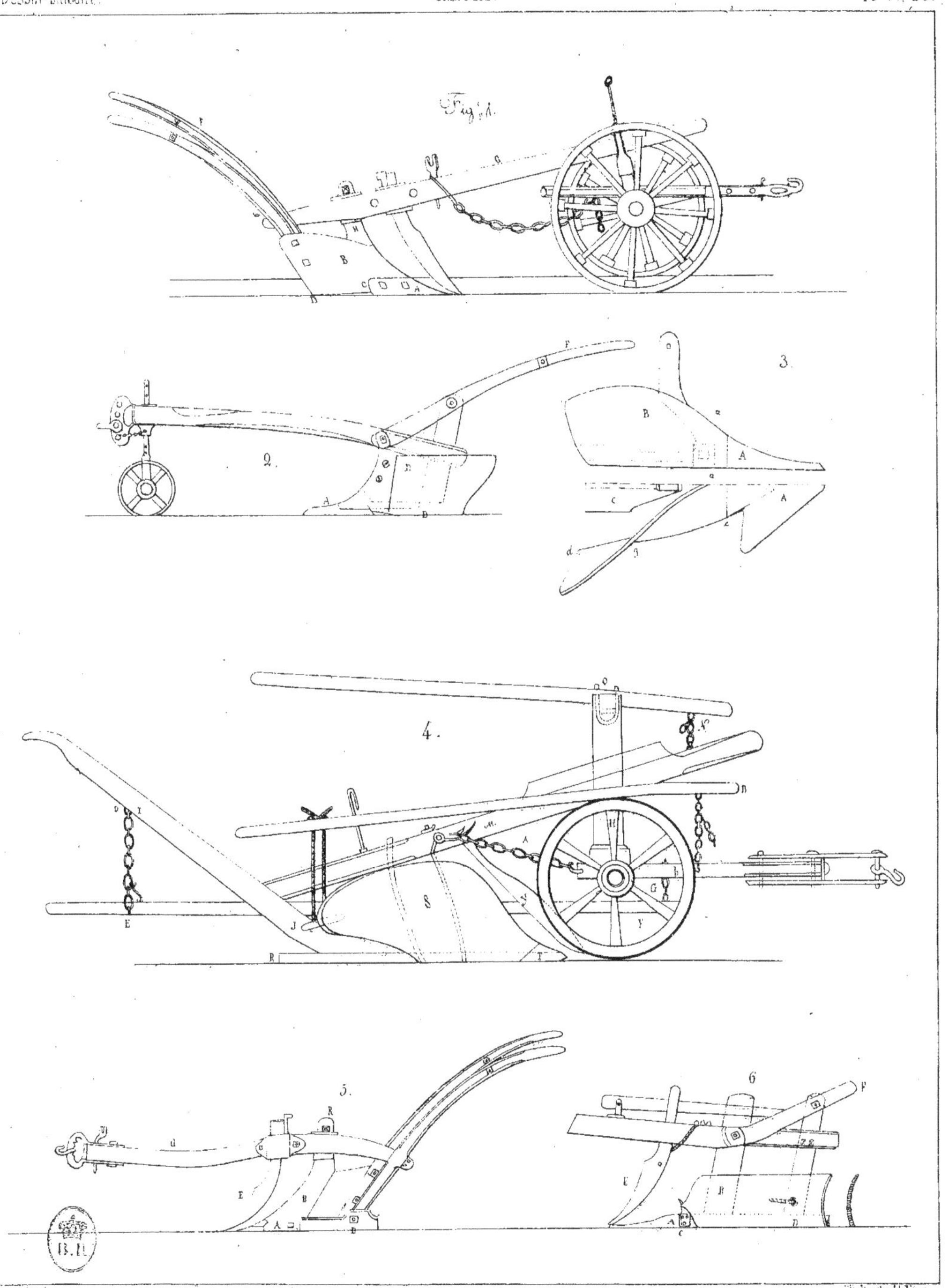
Fig. 1.
2.
3.
4.
5.
6.

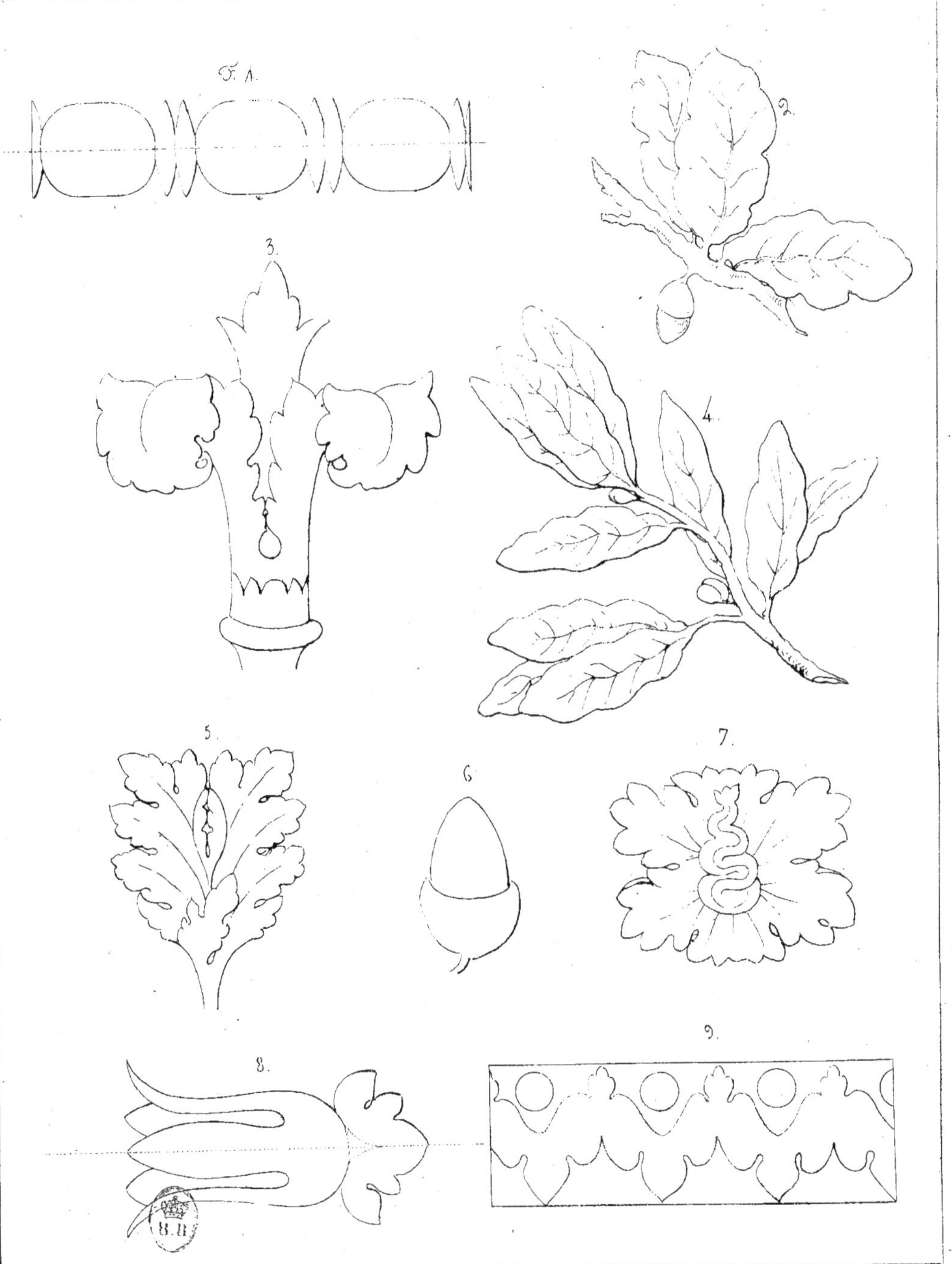
F. 1.
2.
3.
4.
5.
6.
7.
8.
9.

F. 1
2.
3.
4.
5.
6
7.

F. 1.
2.
3.
4.
5
6.
7.
8.
9
10.
11.
12.
13.
14.

Lith. Bouvetier frères

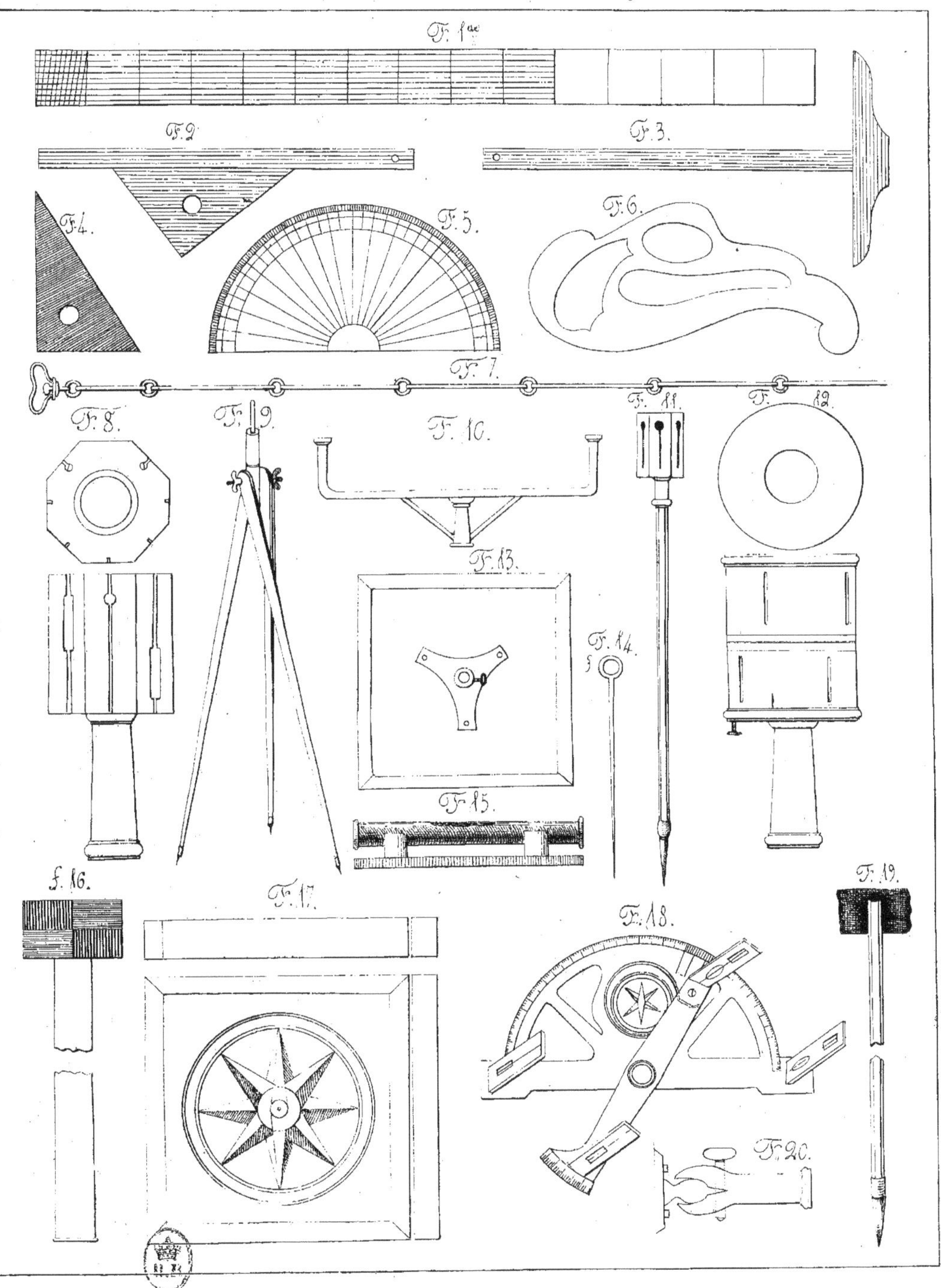
F. 1.re
F. 2.
F. 3.
F. 4.
F. 5.
F. 6.
F. 7.
F. 8.
F. 9.
F. 10.
F. 11.
F. 12.
F. 13.
F. 14.
F. 15.
f. 16.
F. 17.
F. 18.
F. 19.
F. 20.

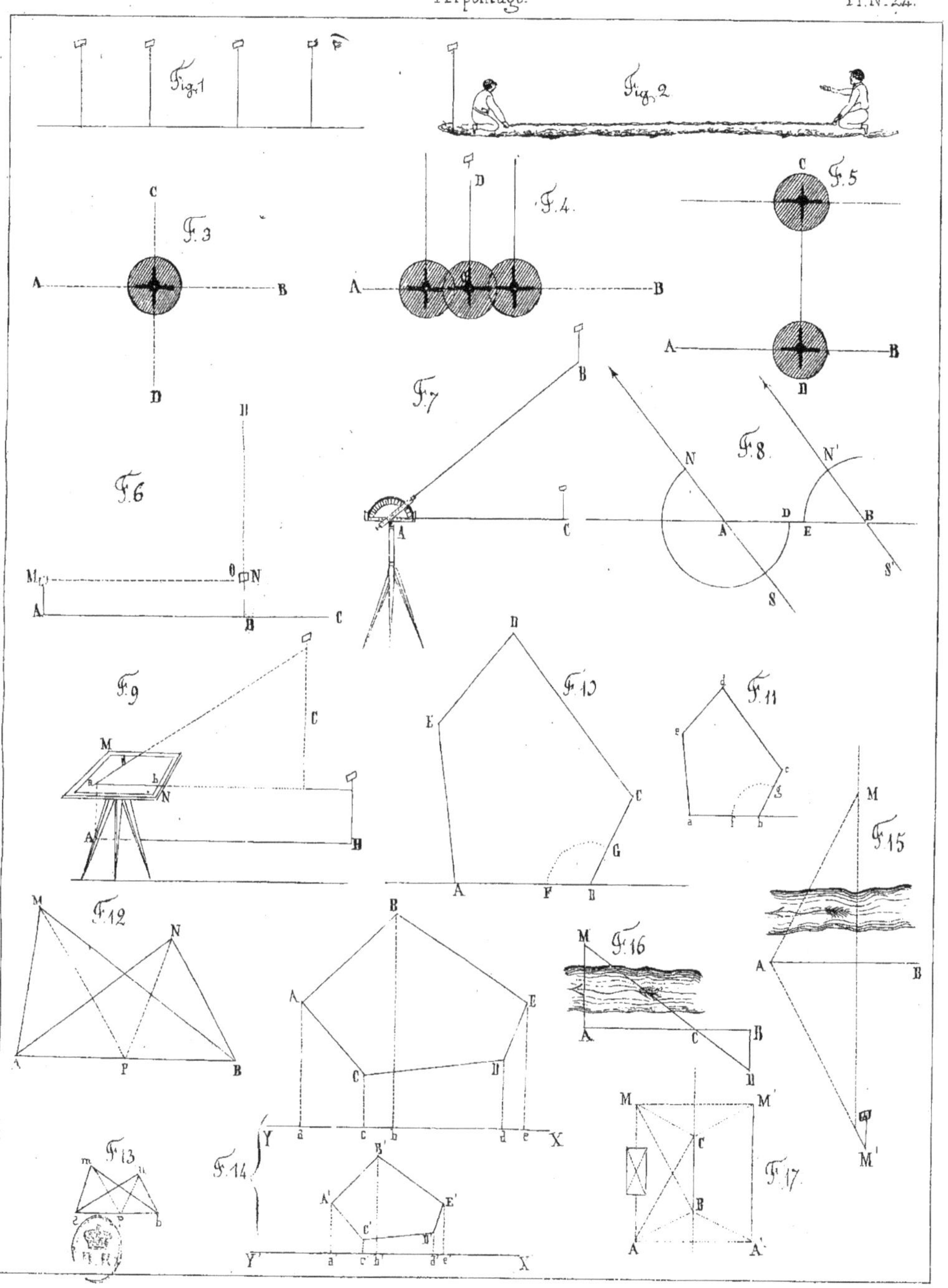
Fig. 1
Fig. 2
F. 3
F. 4.
F. 5
F. 6
F. 7
F. 8
F. 9
F. 10
F. 11
F. 12
F. 13
F. 14
F. 15
F. 16
F. 17

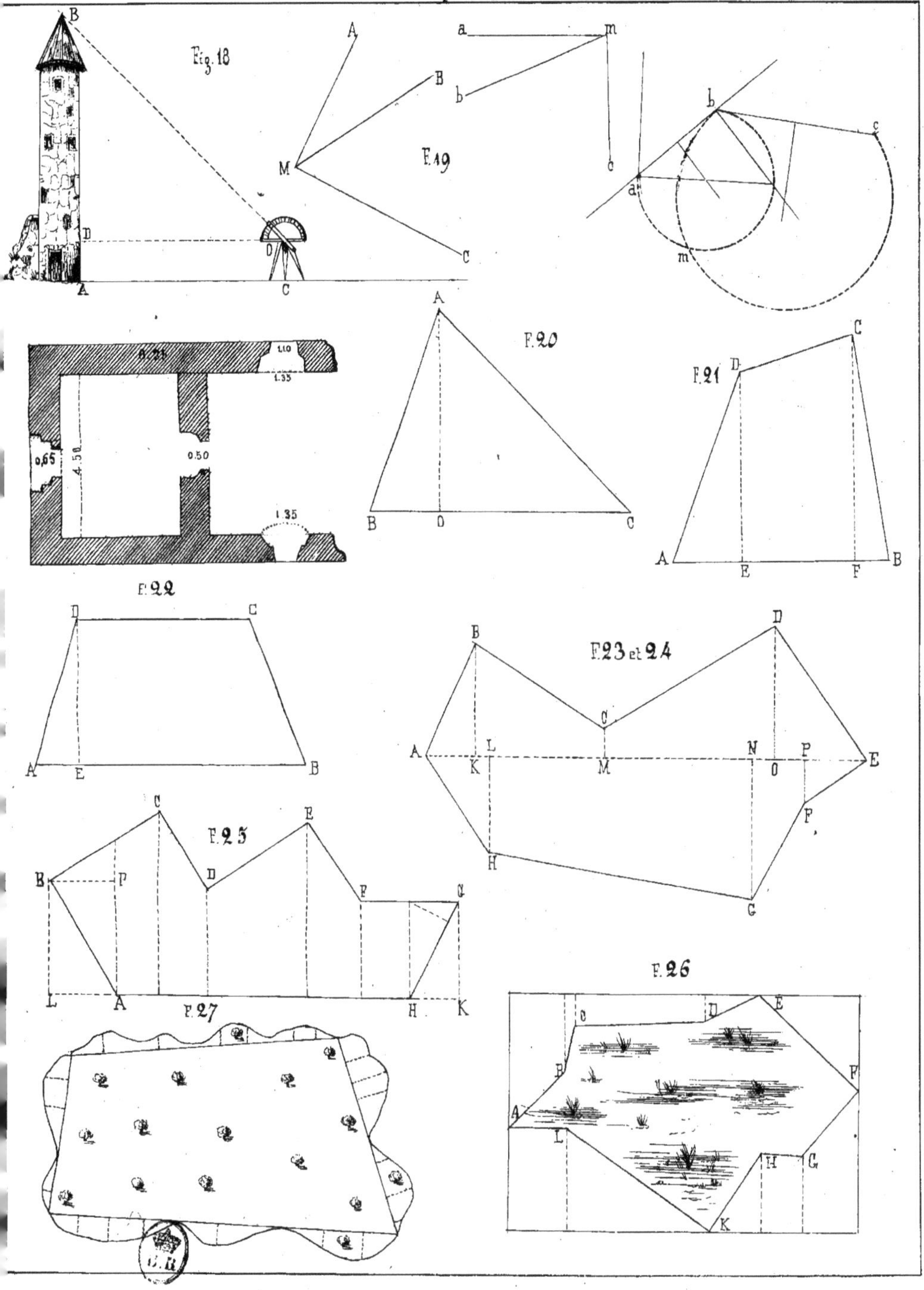

Fig. 18

F. 19

F. 20

F. 21

F. 22

F. 23 et 24

F. 25

F. 26

F. 27

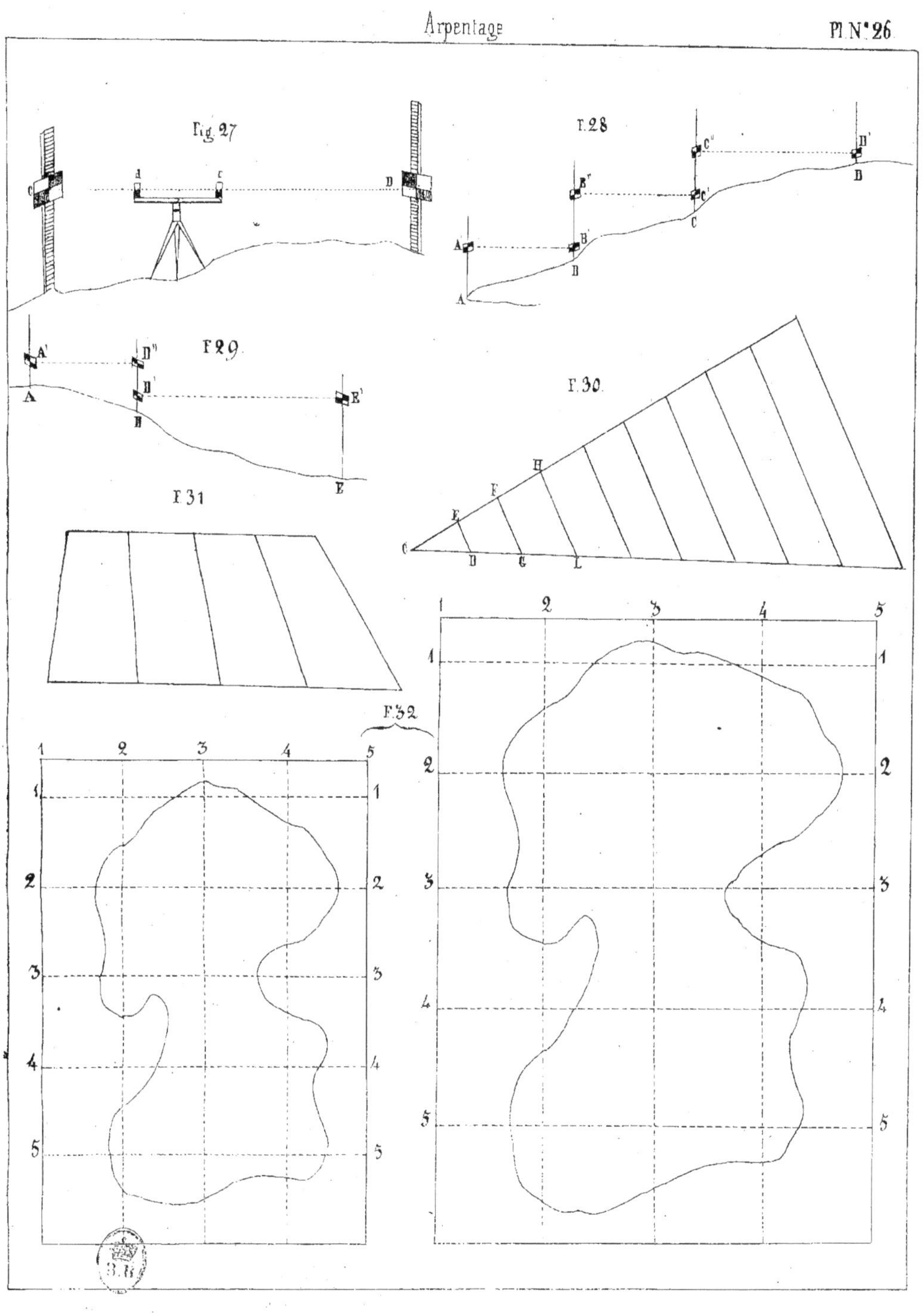
Fig. 27
C
A
C
D
F. 28
A
A'
B
B'
B''
C
C'
C''
D
D'
F. 29
A
A'
B
B'
D''
E
E'
F. 30
C
E
D
F
G
H
L
F. 31
F. 32
1
2
3
4
5

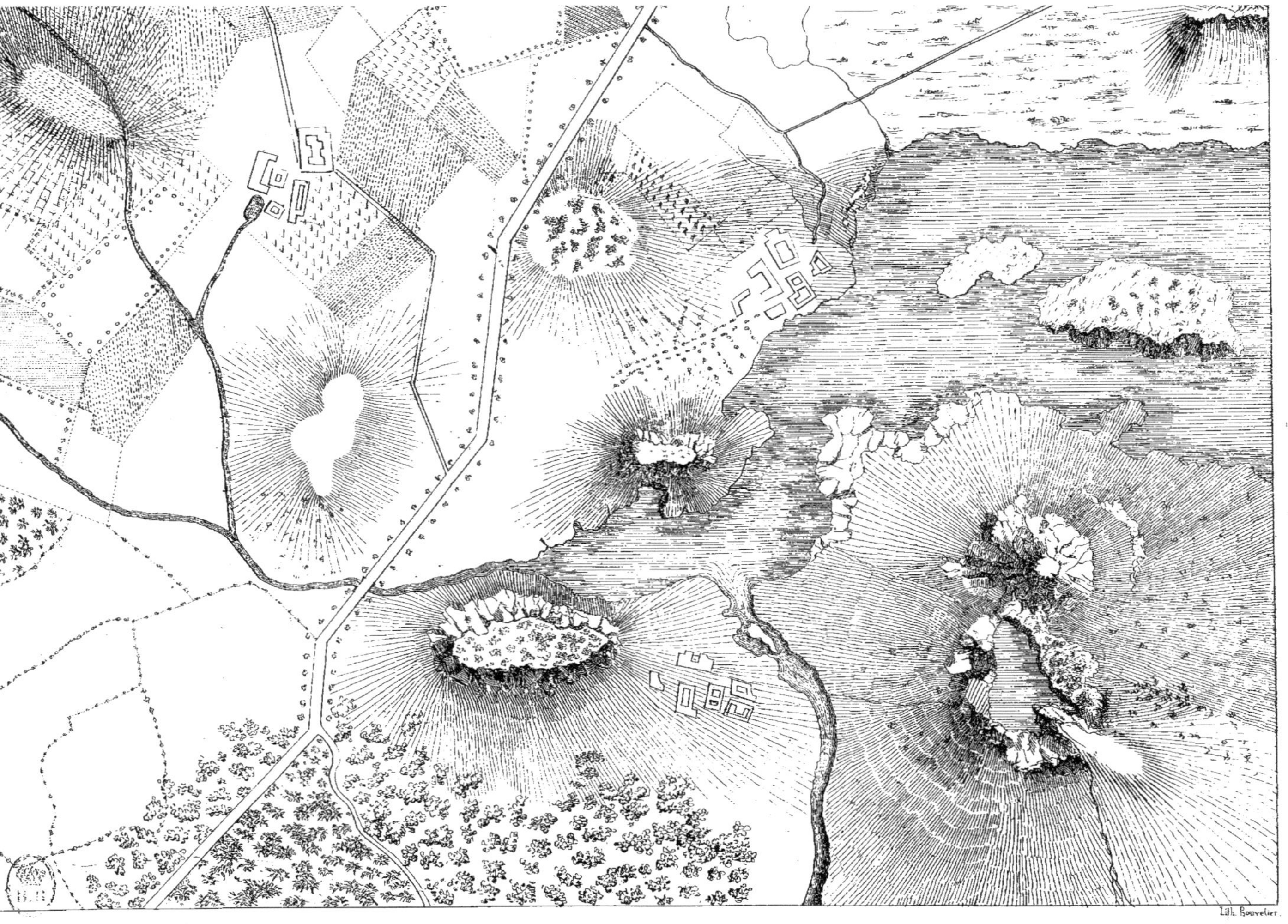
Lith. Bouvelier.

www.ingramcontent.com/pod-product-compliance
Ingram Content Group UK Ltd.
Pitfield, Milton Keynes, MK11 3LW, UK
UKHW051023210726
13857UKWH00007B/1248

9 782012 858312